Körper und Stoffe

1. Körper bestehen aus Stoffen, Stoffe nehmen bestimmte Formen an. Dennoch können die genannten Begriffe in die Tabelle eingeordnet werden!
   Baumwolle, Stahlzylinder, Erdöl, Braunkohle, Hammer, Säge, Stahl, Erdgas, Plastrohr, Benzin im Tank, Schiene, Ofenblech

Körper	
Stoff	

2. Körper besitzen einige gemeinsame Eigenschaften. Nenne sie!

   ____

   ____

3. Stoffe können im festen, im flüssigen und im gasförmigen Aggregatzustand vorliegen. Davon ist ihr Form- und Volumenverhalten sowie ihr Teilchenaufbau abhängig.
   Ergänze die Übersicht!

	feste Körper	flüssige Körper	gasförmige Körper
Formverhalten		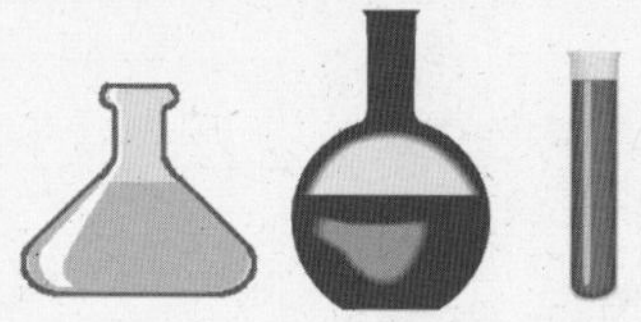	
Volumenverhalten		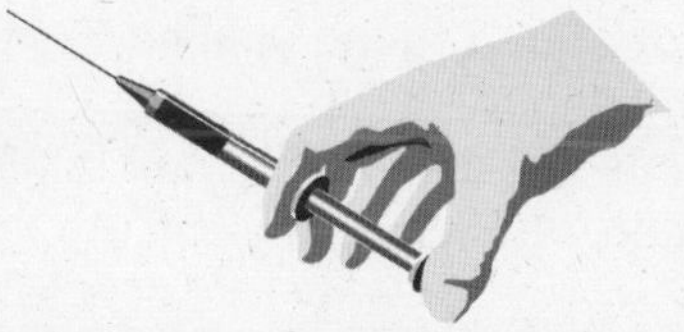	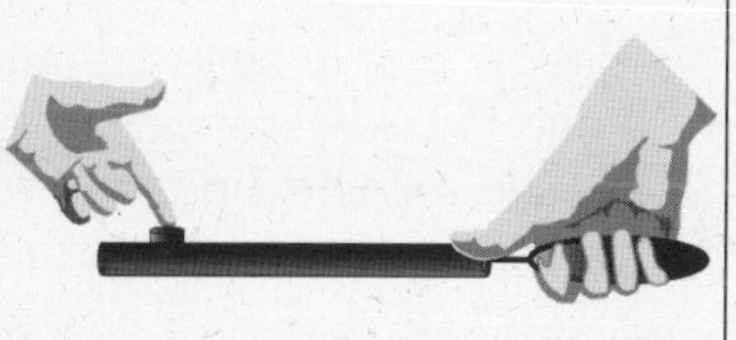
Teilchenmodell			

1. Die Abbildungen zeigen verschiedene Gegenstände.
   Nenne je zwei Stoffe, aus denen diese Gegenstände bestehen!

2. Ein Fahrrad ist ein Körper, der aus verschiedenen Stoffen zusammengesetzt ist.
   Nenne Teile und deren Stoffe!
   Gib die Eigenschaften der verwendeten Stoffe an! Fülle die Tabelle aus!

Teil	Stoff	Eigenschaften

3. Fertige eine Tabelle an, aus der hervorgeht, welche Eigenschaften von Stoffen für bestimmte Verwendungszwecke wichtig sein können!
   Kreuze entsprechend an, welche Eigenschaften man mit Experimenten bestimmen und welche man mit Sinnesorganen wahrnehmen kann!

Eigenschaften	Experiment	Sinne	Eigenschaften	Experiment	Sinne
Dichte	X				

4. Bestimme experimentell die Dichte von Kochsalz (NaCl) und die Löslichkeit des gleichen Stoffes in Wasser! Vergleiche deine Ergebnisse mit den Tabellenwerten!

   Dichte von NaCl: ________________ Tabellenwert: ________________

   Löslichkeit von NaCl: ________________ Tabellenwert: ________________

Wasser und seine Bestandteile

1. Beurteile die Annahme im Altertum, Wasser sei ein Element!

2. Ergänze in der Zeichnung die Bezeichnungen für die Wasserbestandteile und stelle nach dem Reaktionspfeil „zerlegtes Wasser“ dar! Warum sind zwei Wassermoleküle erforderlich?

2 

3. Untersuche die Eigenschaften von Sauerstoff!

a) 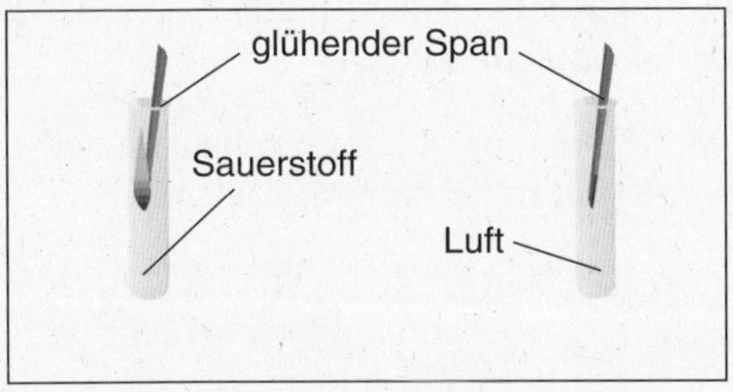

Beobachtung:

Eigenschaft:

b) 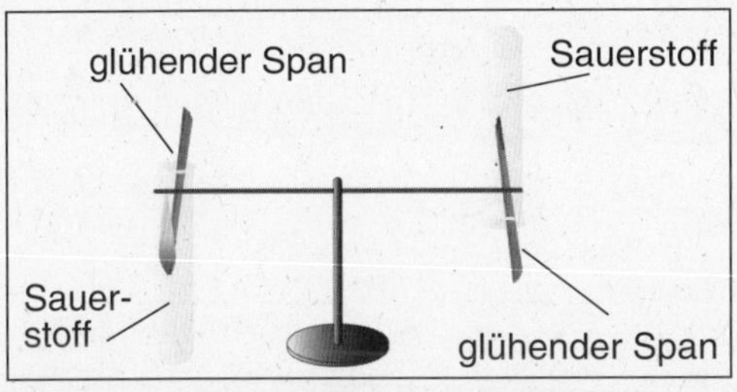

Beobachtung:

Eigenschaft:

4. Leite aus den beiden Abbildungen Aussagen zur Wasserlöslichkeit von Sauerstoff ab!

a) 

b) 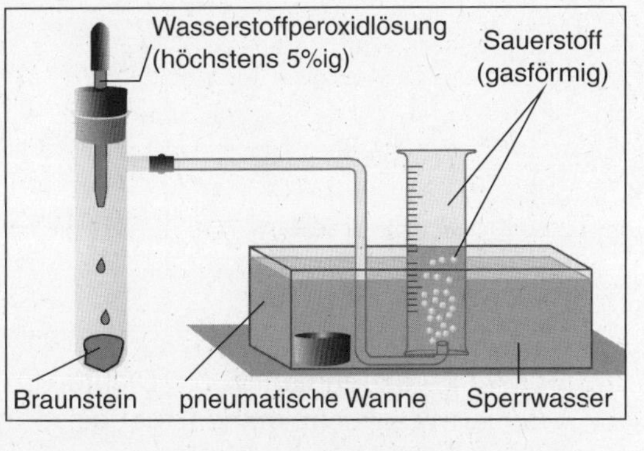

Nachweis von Chloriden

Chloride sind chemische Verbindungen zwischen Metallen und Chlor. Sie sind Ionenverbindungen, d. h. ihre Bestandteile, die Ionen, sind elektrisch positiv bzw. elektrisch negativ geladen. In Chloriden sind die Chlor-Ionen negativ geladen.
Viele Chloride sind wasserlöslich und als Lösungen elektrisch leitfähig. Ihre Lösungen sind eindampfbar. Es bilden sich Kristalle.

1. Weise Natriumchlorid (Kochsalz) durch die Prüfung der elektrischen Leitfähigkeit nach!
   a) Beschrifte die beiden Skizzen!

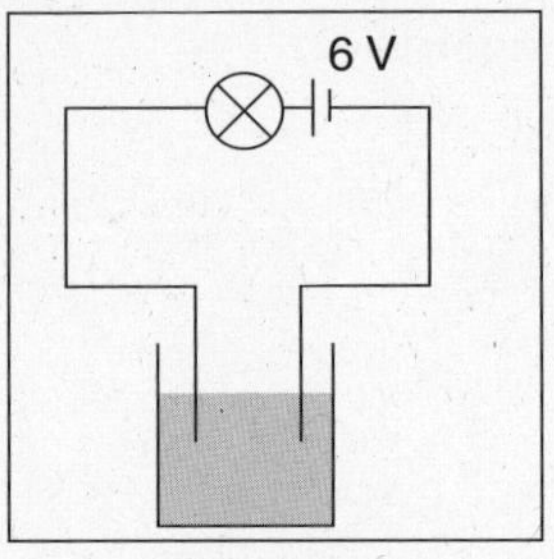

Lampe leuchtet nicht auf.

Inhalt des Gefäßes:

____

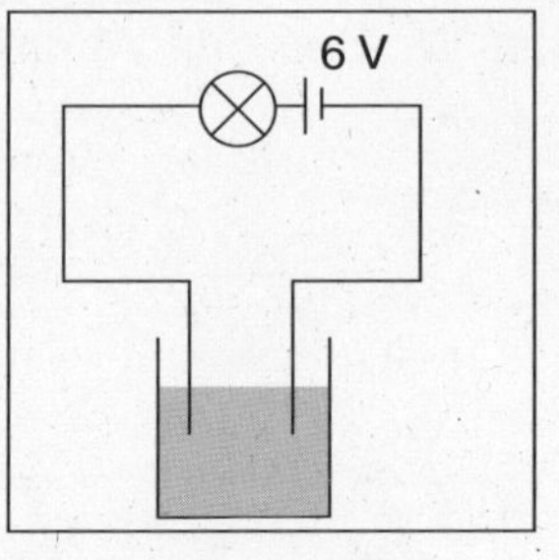

Lampe leuchtet auf.

Inhalt des Gefäßes:

____

   b) Stelle mehrere Gefäße mit destilliertem Wasser und mit Kochsalzlösung durcheinander auf und weise ihren Inhalt nach dem oben dargestellten Versuchsaufbau nach!

2. Dampfe wenige Tropfen von Natriumchlorid-Lösung und Kalialaun-(Kaliumaluminiumsulfat)-Lösung langsam auf einem Objektträger ein und betrachte die Kristalle unter dem Mikroskop!
   Zeichne die Kristallformen!

Natriumchlorid	Kaliumaluminiumsulfat

3. Ergänze die Darstellung zur Lösung von Natriumchlorid!
   a) Ziehe von den Bezeichnungen zu beiden Skizzen Verbindungslinien!
   b) Erkläre die Situation bei A und bei B!

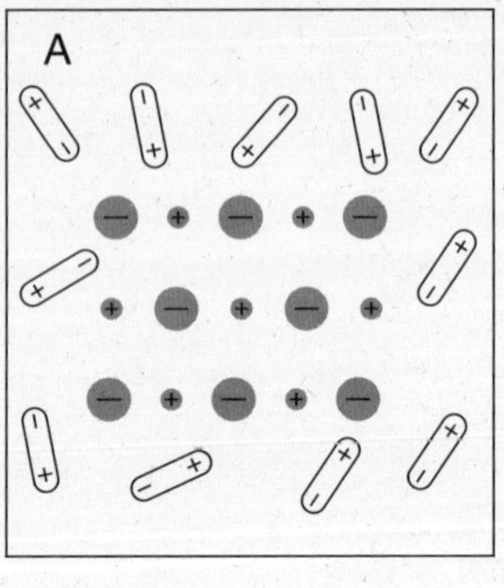

Wassermoleküle

Natrium-Ion

Chlor-Ion

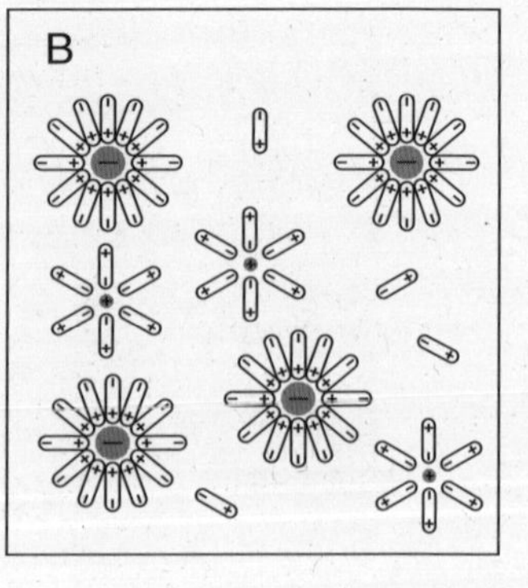

______________________ ______________________

______________________ ______________________

______________________ ______________________

Wie alle Objekte (Dinge und Erscheinungen) der uns umgebenden Welt können auch die Stoffe in Klassen eingeteilt, also geordnet werden. Dazu sind gleiche Merkmale erforderlich. Alle Objekte, die ein gleiches Merkmal besitzen, gehören zu einer Klasse.

1. Bestimme von drei der genannten Stoffklassen das entscheidende Merkmal, und nenne Stoffe, die zu diesen Klassen gehören:
   anorganische Stoffe, Baustoffe, Brennstoffe, Duftstoffe, Giftstoffe, Huminstoffe, körpereigene Stoffe, körperfremde Stoffe, künstliche Stoffe, Kunststoffe, makromolekulare Stoffe, Nährstoffe, natürliche Stoffe, organische Stoffe, Riechstoffe, Rohstoffe, Schadstoffe, Wertstoffe!

   a) ______________________________

   b) ______________________________

   c) ______________________________

2. Weise nach, dass gleiche Stoffe mehreren Stoffklassen zugeordnet werden können, weil sie mehrere Merkmale besitzen! Trage die folgenden Begriffe in die Tabelle ein:
   Beton, Erdgas, Glas, Holz, Kohlenstoffdioxid, Luft, Papier, Seidengewebe, Stahl, Steinkohle, Styropor, Wasser, Wollstoff!

Stoffklasse	Beispiele für Stoffe
Baustoffe	
Brennstoffe	
feste Stoffe	
Kleiderstoffe	
Werkstoffe	

Im Laufe der Geschichte der Erde und des Lebens auf ihr haben sich Stoffkreisläufe ausgebildet. Dazu gehören z. B. der Wasserkreislauf, die Luftzirkulation, der Kreislauf der Gesteine oder der Kohlenstoffkreislauf. Der Mensch hat auch in diese Stoffkreisläufe eingegriffen und sie verändert.
Untersuche den Kohlenstoffkreislauf!

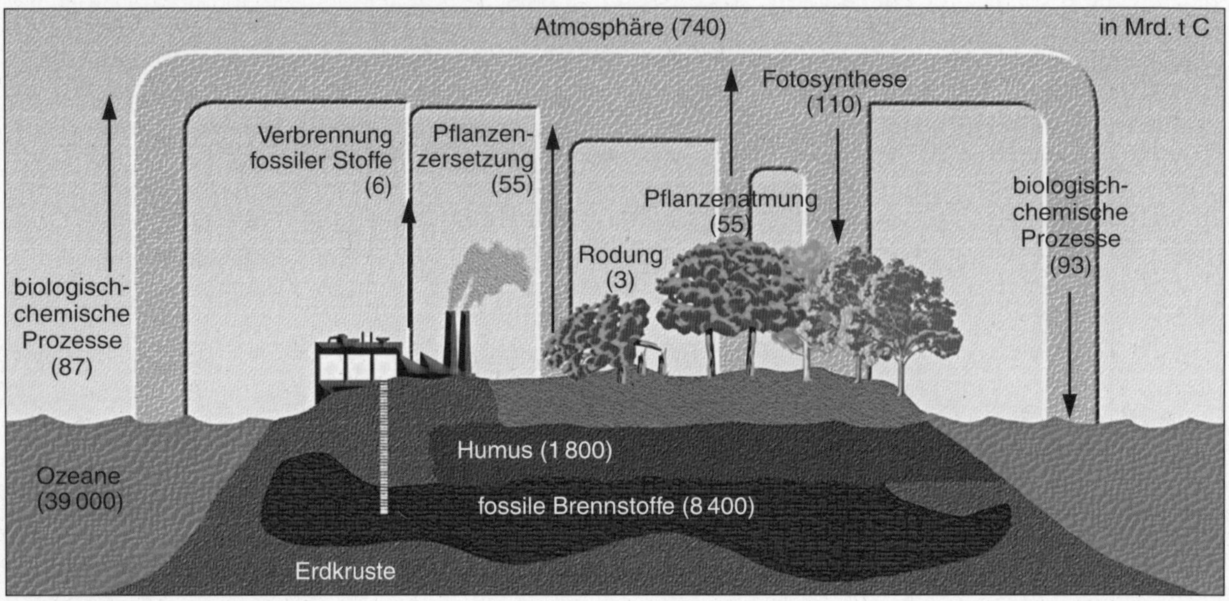

1. Markiere in der Zeichnung mit jeweils anderen Farben die Angaben
   a) zum Kohlenstoff (angegeben in Mrd. t), der in der Erdkruste, den Ozeanen und in der Atmosphäre gebunden ist,
   b) zum Kohlenstoff der jährlich in die Atmosphäre gelangt und
   c) zum Kohlenstoff, der jährlich aus der Atmosphäre abgegeben wird!

2. Stelle eine Bilanz zum jährlichen Kohlenstoffkreislauf auf der Erde auf!
   a) Berechne die Menge C, die in die Atmosphäre abgegeben wird und die Menge C, die wieder zum Erdkörper zurückgelangt!

   b) Erkläre die sich ergebende Differenz und deren Abweichung zu der durch menschliche Aktivitäten freigegebenen Menge!

1. Zur Entsorgung von Abfällen gehören heute ihre Beseitigung vom Ort ihrer Entstehung zum Ort ihrer Lagerung oder Behandlung und Verwertung zur Gewinnung von Stoffen oder Energie. Beurteile den Inhalt des Fotos!

2. Abfälle aus privaten Haushalten werden traditionell als Müll bezeichnet. Dieser Begriff trifft aber nur auf den Teil der Abfälle zu, der nicht weiter genutzt werden kann und auf den Deponien endgelagert wird. Die im Laufe von Jahrzehnten entstandene Abfallsituation machte es erforderlich, nach neuen Lösungen zu suchen.
   a) Notiere wichtige Verfahren der Verwertung von Abfällen!

   1. 2. 3.

   4. 5.

   b) Erläutere mithilfe geeigneter Literatur diese Abfallverwertungsverfahren!

   1.:

   2.:

   3.:

   4.:

   5.:

3. Wie trägst du persönlich im privaten Haushalt und in der Schule zum erfolgreichen Recycling bei?

4. Notiere drei Möglichkeiten, wie man in deinem Heimatort Abfälle sortiert beseitigen kann!

1. Erläutere die Begriffe Vermeidung, Verwertung und Beseitigung von Abfällen! Zu welchem Begriff gehören die Mülldeponien?

2. Mülldeponien müssen umweltverträglich angelegt und betrieben werden.
   a) Trage an die Pfeile der Zeichnung einer Deponie die zutreffenden Begriffe ein: Abfallauftrag, Basisabdichtung, Deponiegasverwertung, Gasbrunnen, Gassammelleitung, Oberflächenabdichtung, Sickerwasserbecken, Sickerwasserleitung, Zwischenabdeckung!

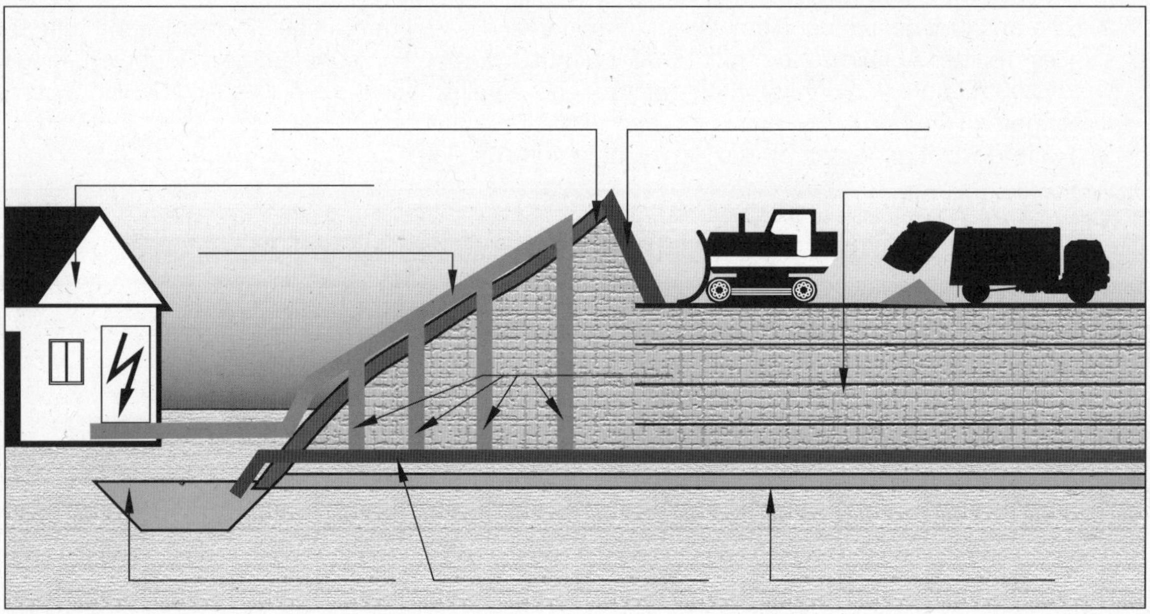

   b) Begründe den Aufbau einer Mülldeponie! Worin kommt die umweltverträgliche Anlage zum Ausdruck?

Unsere Haut ist vielen schädigenden Einflüssen ausgesetzt. Besonders die Hände zeigen oft trockene raue Haut. Zur Pflege können Hautcremes selbst hergestellt werden.
Fertige eine Holunderblüten-Handcreme an!

Vorbereitung:
Stelle an Geräten und Materialien bereit:
sauberes, feuerfestes Gefäß, Glasstab, Brenner, Schraubglas, feinmaschiges Sieb (aus Nylon), Löffel; 4 Esslöffel Vaseline, 2 Handvoll Holunderblüten!
Ätherische Öle können zum Erreichen einer besonderen Duftnote hinzugefügt werden.

Durchführung:
Fertige die Creme nach den dargestellten Schritten A und B an!

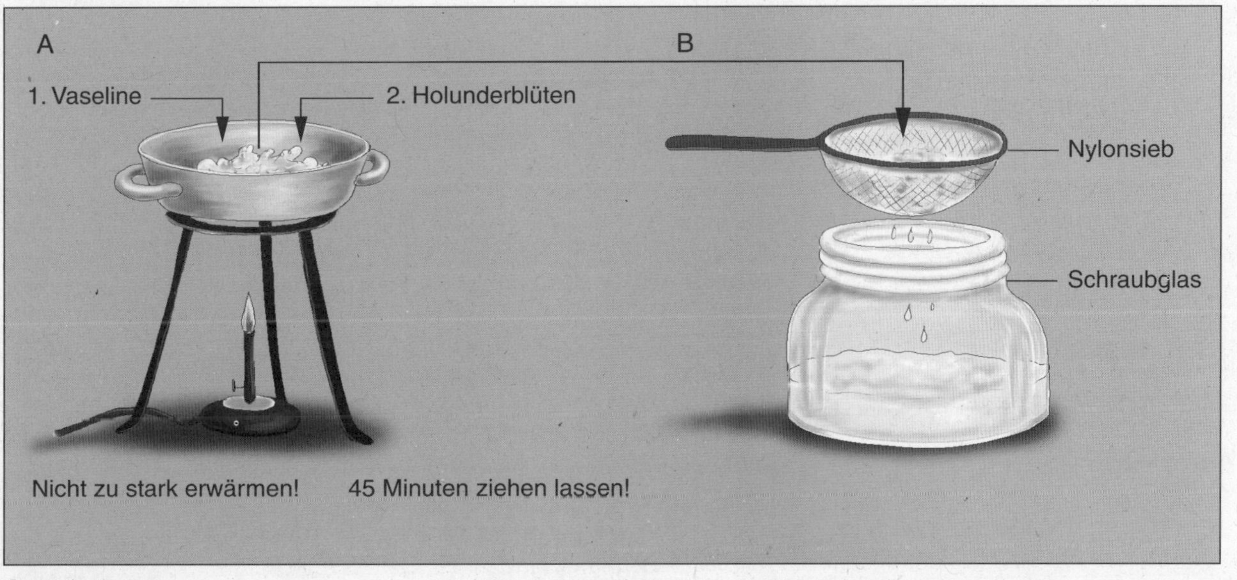

Auswertung:
Nenne und erläutere die bei A und B angewandten Verfahren des Mischens und Trennens!

A

B

In einer Kreislaufwirtschaft werden die aus der Natur gewonnenen natürlichen und vom Menschen hergestellten künstlichen Stoffe und Gegenstände nach ihrer Nutzung wieder als Rohstoffe verwendet.

1. Nenne Gründe für die Notwendigkeit einer Kreislaufwirtschaft!

____

____

____

____

2. Entwickle ein Schema für die Kreislaufwirtschaft bei Kunststoffen!
   a) Setze die folgenden Begriffe so in die Köpfe der Kästchen ein, dass ein Kreislauf entstehen kann: Recycling, Transport, Verbraucher, Wertstoffsammlung!
   b) Ergänze in den Kästchen kurze Erläuterungen!

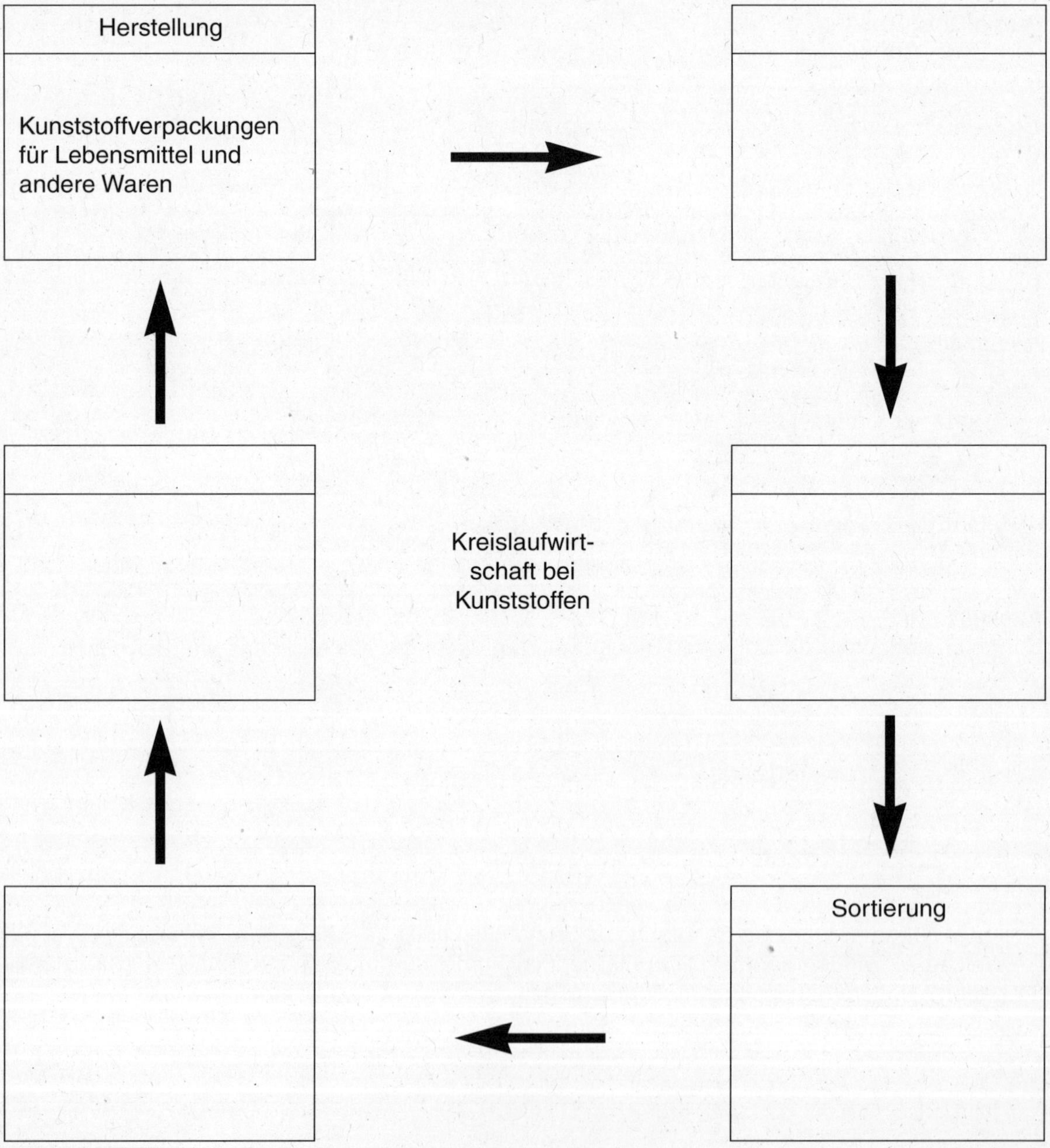

Die Ermittlung des Energiebedarfs

1. Man sollte seine Ernährung innerhalb bestimmter Zeiträume entsprechend dem Ernährungskreis gestalten. Die sieben Lebensmittelgruppen sind anteilig dargestellt. Ordne die nachfolgenden Begriffe den Kreisausschnitten zu und bestimme deren Anteile an der Ernährung!

Lebensmittelgruppe	Anteil
a) Getreideprodukte und Kartoffeln	%
b) Gemüse und Hülsenfrüchte	%
c) Obst	%
d) Getränke	%
e) Milch und Milchprodukte	%
f) Fette und Öle	%
g) Fisch, Fleisch und Eier	%

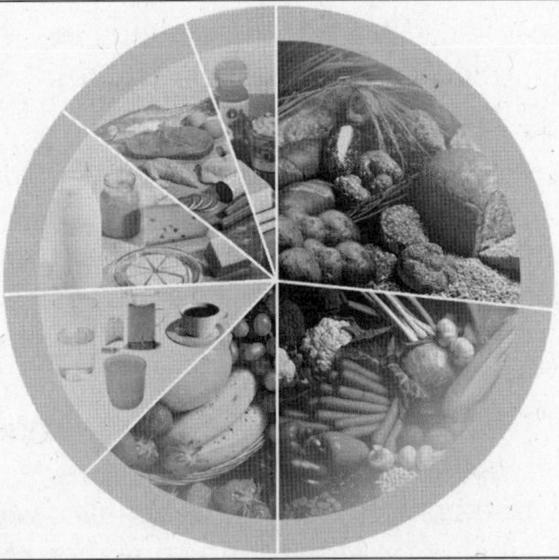

2. In unserer Nahrung steckt Energie. Berechne wie viel Energie du an einem Tag durch Nahrung aufnimmst! Verwende dazu entsprechende Energiegehaltstabellen bzw. Angaben auf Verpackungen!

1. Frühstück		2. Frühstück		Mittagessen		Zwischenmahlzeit		Abendessen	
	kJ	1 Apfel	200 kJ		kJ		kJ		kJ
	kJ	+	kJ	+	kJ	+	kJ	+	kJ

Gesamte Energiezufuhr	=	kJ

3. Schätze deine Ernährung kritisch ein! Benutze die Angaben aus der Tabelle!

Alter in Jahren	Energiebedarf in kJ	
	Mädchen	Jungen
9–12	9 660	10 500
12–15	10 920	12 600
15–18	10 500	13 440

4. Ausreichend körperliche Betätigung ist Bestandteil einer gesunden Lebensweise. Welche Aktivitäten könntest du unternehmen, um einen möglichen Überschuss an Energie abzubauen? Notiere mindestens drei Vorschläge!

Das Lungenvolumen wird bestimmt

In den Lungenbläschen findet der Austausch von Sauerstoff und Kohlenstoffdioxid mit dem Blut statt. Die Größe unseres Lungenvolumens gibt darüber Auskunft, wie viel Luft wir mit einem Atemzug aufnehmen bzw. abgeben können! Bestimme dein Lungenvolumen!

Vorbereitung:
Stelle an Geräten und Materialien einen Gummischlauch, einen Plastebehälter mit Abgangsstutzen (5 l), eine Wanne oder ein kleines Aquarium, einen wasserfesten Stift, ein Einfüllgefäß und ein Bandmaß zurecht!

Durchführung:
1. Zeichne zu Beginn eine Skala am Gefäß an!
2. Fülle den Plastebehälter vollständig mit Wasser und verschließe ihn!
3. Befestige den Gummischlauch am Abgangsstutzen!
4. Fülle die Wanne bzw. das Aquarium zu einem Viertel mit Wasser und halte den Plastebehälter mit dem Verschluss nach unten in dieses Gefäß!
5. Öffne den Verschluss des Plastebehälters, ohne ihn aus dem Wasser zu nehmen!
6. Hole tief Luft und blase deinen gesamten Luftvorrat in den Behälter!
7. Verschließe den Plastebehälter wieder und nimm ihn aus dem Wasser!
8. Nach dem Umdrehen kannst du dein Lungenvolumen ablesen!
9. Miss deinen Brustumfang aus- und eingeatmet mit dem Bandmaß!

Auswertung:
1. Trage alle Messergebnisse in das Messprotokoll ein!

   Messprotokoll

Name	Brustumfang in cm ausgeatmet	Brustumfang in cm eingeatmet	Ausatemluft in Liter

2. Vergleiche die Messergebnisse aller Schüler deiner Arbeitsgruppe! Was stellst du fest?

3. Welche Beziehung gibt es zwischen den zwei Messverfahren?

4. Wodurch könnte das Lungenvolumen eines Menschen beeinflusst werden?

5. Zeichne nach den Angaben des Messprotokolls ein Säulendiagramm!
   Beschrifte es und trage Messergebnisse ein!

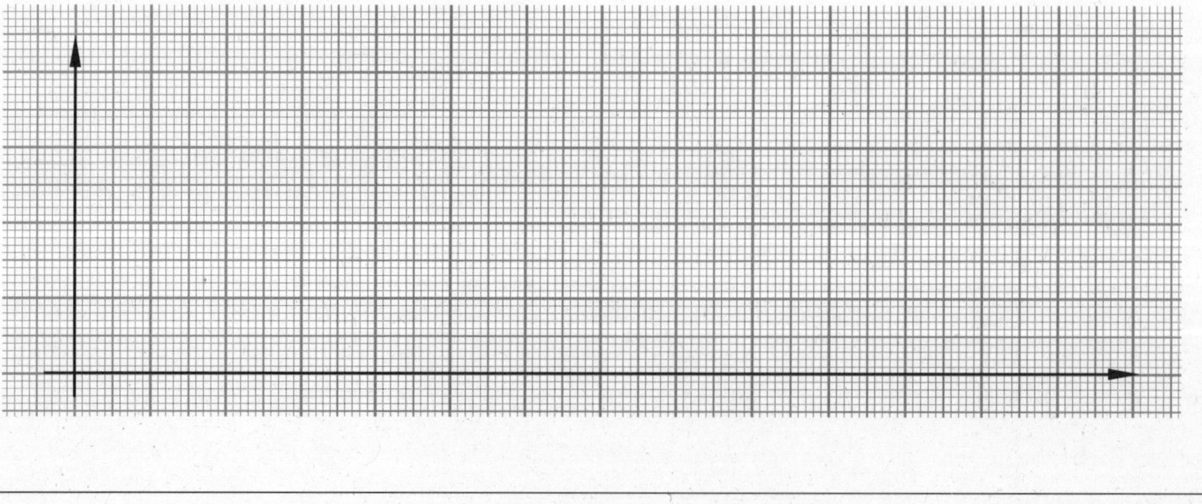

Bewegung auf dem Arbeitsweg – früher und heute

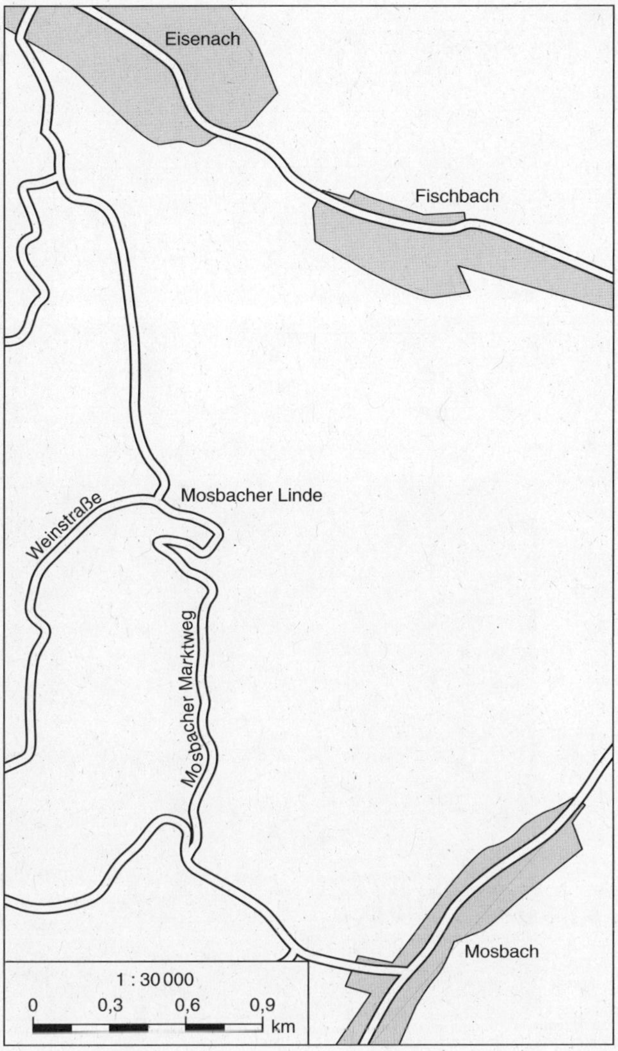

Bei einer Familienfeier erzählt der älteste der Gäste: „Als ich 1928 mit der Lehre in Eisenach begann, bin ich jeden Tag von Mosbach nach Eisenach gelaufen. Einen Linienbus gab es nicht. Ein Fahrrad konnten wir uns nicht leisten.“ Tina und Jörg hörten gespannt zu. Sie nehmen eine Karte zur Hand, um die Länge des Weges zur Arbeit und zurück zu ermitteln.

1. Finde anhand des Kartenausschnittes heraus, wie viel Kilometer täglich, wöchentlich bzw. monatlich gelaufen wurden! Bedenke, dass auch am Samstag gearbeitet wurde!

   am Tag __________

   in der Woche __________

   im Monat __________

2. Frage in deinem Verwandten- und Bekanntenkreis alte Menschen, welche Erfahrungen sie gemacht haben! Notiere!

3. Wie wird heute der Weg zur Arbeit zurückgelegt? Vergleiche!

4. Informiere dich in Büchern, wie sportliches Laufen auf den menschlichen Organismus wirkt und welche anderen Sportarten ähnlich gut geeignet sind!

5. Welche Schlussfolgerungen würdest du für dein eigenes Leben ziehen?

1. Erläutere an einem Beispiel den scheinbaren Widerspruch:
„Die Umwelt des Menschen ist für ihn lebensnotwendig und belastend zugleich!“

2. Licht, Luft und Wasser sind Umweltfaktoren, die unter bestimmten Bedingungen günstig auf die Gesundheit des Menschen wirken.
Nenne Wirkungen auf den Menschen und die Voraussetzungen dafür, dass Licht, Luft und Wasser den Menschen nicht belasten!

3. Erkunde die Umweltsituation deines Heimatortes!
   a) Entwirf eine Lageskizze (Wohngebiet, Industrie, Wald, Park, Fluss …)!
   b) Charakterisiere die Situation besonders hinsichtlich von Luft und Wasser!

Unsere Nahrung beinhaltet Eiweiße, Fette, Kohlenhydrate, Wasser, Farb- und Aromastoffe, Vitamine und Mineralstoffe. Diese Nähr- und Ergänzungsstoffe haben unterschiedliche Wirkung auf unseren Stoffwechsel.

1. Zeichne von den unten aufgeführten Symbolen das zutreffende in die richtige Zeile und benenne die Inhaltsstoffe in der zweiten Spalte!
2. Trage in der dritten Spalte Nahrungsmittel ein, die den jeweiligen Inhaltsstoff reichlich enthalten.
3. Trage in die rechte Spalte ein, welchen Tagesbedarf ein Mensch an den Nähr- und Ergänzungsstoffen hat!

Symbole	Nähr- bzw. Ergänzungsstoffe	Nahrungsmittel	täglicher Stoffbedarf
	______ sind nicht lebensnotwendig, regen den Appetit an.		
	______ fördern die Verdauung und das Sättigungsgefühl.		
	______ sind Aufbaustoffe und nur ein geringer Teil dient als Energielieferant.		
	______ ist Lösungs- und Transportmittel. Wichtig für Stoffwechselreaktion und Wärmeregulation.		
	______ sind Energielieferanten und Träger von Vitaminen sowie lebensnotwendiger Fettsäuren.		
	______ sind Energielieferanten, vor allem für das Gehirn. Dienen als Baustoffe für Knochen und Knorpel.		
	______ ______ regeln den Stoffwechsel.		

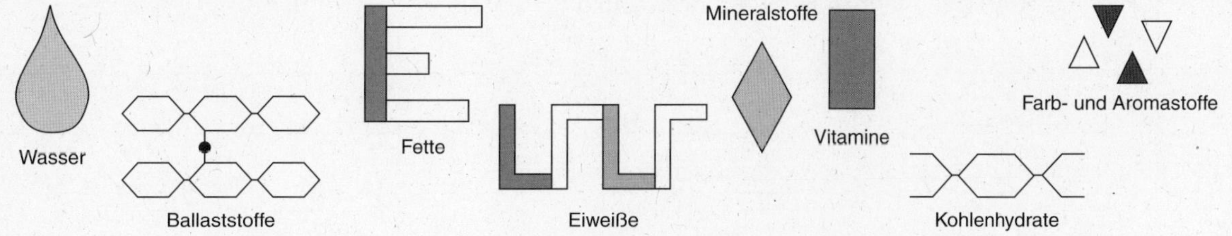

Weise Stärke in Nahrungsmitteln nach!

Vorbereitung:

1. Fette, Eiweiße und Kohlenhydrate sind die drei Nährstoffe unserer täglichen Nahrung. Wie sind ihnen die Begriffe Glucose, Rübenzucker und Stärke zuzuordnen?

Fette	Eiweiße	Kohlenhydrate

2. Wie kann Stärke nachgewiesen werden?

3. Stelle an Geräten und Materialien bereit: mehrere Uhrglasschälchen, Pipette, Iod-Kaliumiodid-Lösung; Stücke von Kartoffel, Brot, Banane, Käse, Wurst!

Durchführung:

1. Gib die Nahrungsmittelstücke in die Uhrgläser und Tropfe mit der Pipette etwas Iod-Kaliumiodid-Lösung darauf!

2. Trage die Ergebnisse in die Tabelle ein!

Nahrungsmittel	Beobachtungsergebnisse	Urteil
Kartoffel		
Brot		
Apfel		
Banane		
Käse		
Wurst		

Auswertung:

1. Formuliere eine Schlussfolgerung!

2. Wofür ist die Stärke in Nahrungsmitteln notwendig?

Weise Fette in Nahrungsmitteln nach!

Vorbereitung:

1. Fette und Öle nehmen im Ernährungskreis nur einen kleinen Ausschnitt ein. Welche Aussage ist damit verbunden?

   ___

   ___

2. Nenne handelsübliche Fette und Öle!

   ___

   ___

3. Stelle eine Vermutung auf, ob auch weitere Nahrungsmittel Fett enthalten!

   ___

   ___

4. Lege an Geräten und Materialien bereit:
   Filterpapier oder Löschpapier, Glasstäbe, Spatel; destilliertes Wasser, Pflanzenöl, Salami, Mineralwasser, Margarine, Butter, Honig, Leberwurst!

Durchführung:

1. Gib mittels Spatel die genannten Nahrungsmittel und mit dem Glasstab einige Tropfen Mineralwasser und destilliertes Wasser auf das Filterpapier! Beobachte einige Zeit! Halte das Papier anschließend gegen das Licht!
2. Halte das Papier nach etwa 10 Minuten nochmals gegen das Licht!
3. Trage die Beobachtungsergebnisse in die Tabelle ein!

Nahrungsmittel	Beobachtungsergebnisse	Urteil

Auswertung:

1. Beurteile deine Vermutung!

   ___

2. Ordne in die Tabelle Nahrungsmittel ein!

Nahrungsmittel mit hohem Fettgehalt	Nahrungsmittel mit geringem Fettgehalt

Nachweis von Eiweiß

Weise Eiweiß in Nahrungsmitteln nach!

Vorbereitung:

1. Eiweiße gehören zu unseren Nährstoffen. Sie sind jedoch im Ernährungskreis nicht aufgeführt. Erkläre dies!

2. Wofür benötigt der menschliche Organismus Eiweiß?

3. In welchen Nahrungsmitteln vermutest du Eiweiße?

4. Stelle für den Nachweis an Gräten und Materialien bereit:
   Natriumhydroxidlösung (10%ig), Kupfersulfatlösung (10%ig), Reagenzgläser, Reagenzglasständer, Brenner, Reagenzglashalter, kleiner Spatel, kleiner Trichter, Glasstab; gekochtes Hühnerei, Rindfleisch, Fischfleisch, Käse, Marmelade, Honig.

Durchführung:

1. Verfahre nach der dargestellten Versuchsanordnung!

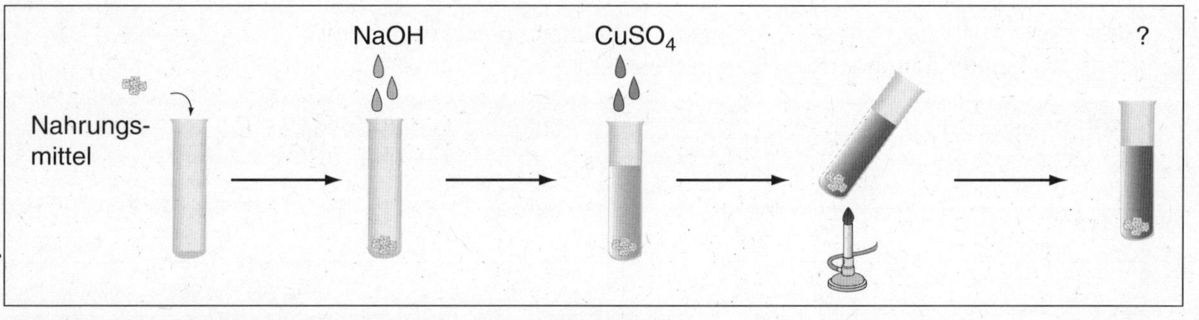

2. Trage die Namen der Nahrungsmittel in die Tabelle ein!

rot-violette Färbung	keine Farbänderung

Auswertung:

1. Beurteile deine Vermutung!

2. Nenne pflanzliche Nahrungsmittel, die viel Eiweiß enthalten!

Nachweis von Nitraten

Nitrate sind Stickstoff-(Nitrogenium-)Verbindungen. Sie gelangen durch übermäßige Stickstoffdüngung in den Boden, das Wasser und vorwiegend in Gemüsepflanzen. Der Nitratgehalt von Gemüse ist von der Gemüsesorte sowie von der Sonneneinstrahlung (Fotosyntheseleistung) und der Tageszeit abhängig. Nitrate sind vor allem für Säuglinge und Kleinkinder schädlich.
Prüfe den Nitratgehalt in verschiedenen Gemüsesorten, im Trinkwasser und in Bodenlösungen!

Vorbereitung:

1. Stelle neben einigen Gemüsesorten, Trinkwasser- und Bodenproben zurecht: Nitrat-Teststäbchen mit Farbskala, Messer, Mörser mit Pistill!
2. Schneide Gemüse fein und zerreibe es im Mörser, bis sich Zellsaft bildet!
3. Stelle mit wenig Wasser eine Bodenlösung her!

Durchführung:

1. Tauche in die Zellsäfte, die Bodenlösung und das Trinkwasser je ein Teststäbchen 1 Sekunde lang ein und bestimme danach 1 Minute den Nitratwert im Vergleich mit der Farbskala!
2. Trage die Ergebnisse in die Tabelle ein!

Testobjekt	Beobachtungsergebnis
Trinkwasser	
Bodenlösung	

Auswertung:
Vergleiche deine Beobachtungsergebnisse untereinander!

Lärm ist eine Umweltbelastung und beeinträchtigt das Wohlbefinden des Menschen. Dauerhafter Lärm führt zu Gesundheitsschäden.

Schallquelle	Lautstärke in dB	Empfindung
Hörschwelle	0	
Atmen	10	ruhig
Taschenuhr	20	
Blättergeräusch im Wind	30	leise
normale Unterhaltung	40	
lebhafte Unterhaltung	50	
Staubsauger	60	laut
lautes Rufen	70	
Straßenverkehr PKW	80	
Straßenverkehr LKW	90	sehr laut
Diskothek, Sägewerk	100	
Presslufthammer	110	
Düsentriebwerk, Rockkonzert	120	unerträglich
Schmerzgrenze	130	

1. Erläutere den Inhalt der Tabelle!

2. Miss mit einem Schallpegelmesser die Schallstärke in deiner Umgebung!

Ort	dB	Ort	dB
Pause auf dem Schulhof		Pause in Klassenraum	
Straße an der Schule		deine Radiomusik zu Hause	

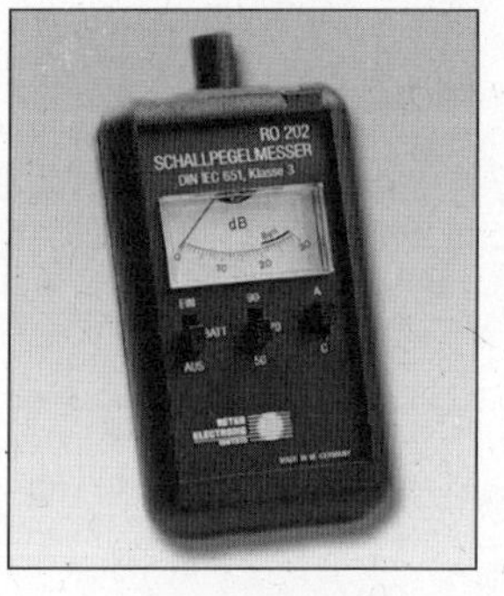

3. Wodurch kannst du selbst zur Vermeidung der Lärmbelästigung beitragen?

4. Durch welche Maßnahmen wird versucht, die Lärmbelästigung bei den abgebildeten Quellen zu verringern?

Die Verbreitung von Kulturpflanzen und Haustieren

Die heute von den Menschen für die Ernährung genutzten Kulturpflanzen und Haustiere haben bestimmte Entstehungszentren, von denen aus sie über die Erde verbreitet und dann weitergezüchtet wurden.
Bereite dich mithilfe der Angaben auf dieser Seite auf einen Vortrag über die Entstehungszentren und die Verbreitung von Kulturpflanzen und Haustieren vor! Denke dabei auch an wichtige Ereignisse der Entdeckungsgeschichte der Erde und von den Eroberungen! Beachte, dass die Verbreitung erst in der „Alten Welt" stattfand, bevor ein Austausch mit der „Neuen Welt" erfolgt ist!

1. Trage in die Karte Beispiele für Wege von Kulturpflanzen und Haustieren ein und beschrifte diese!

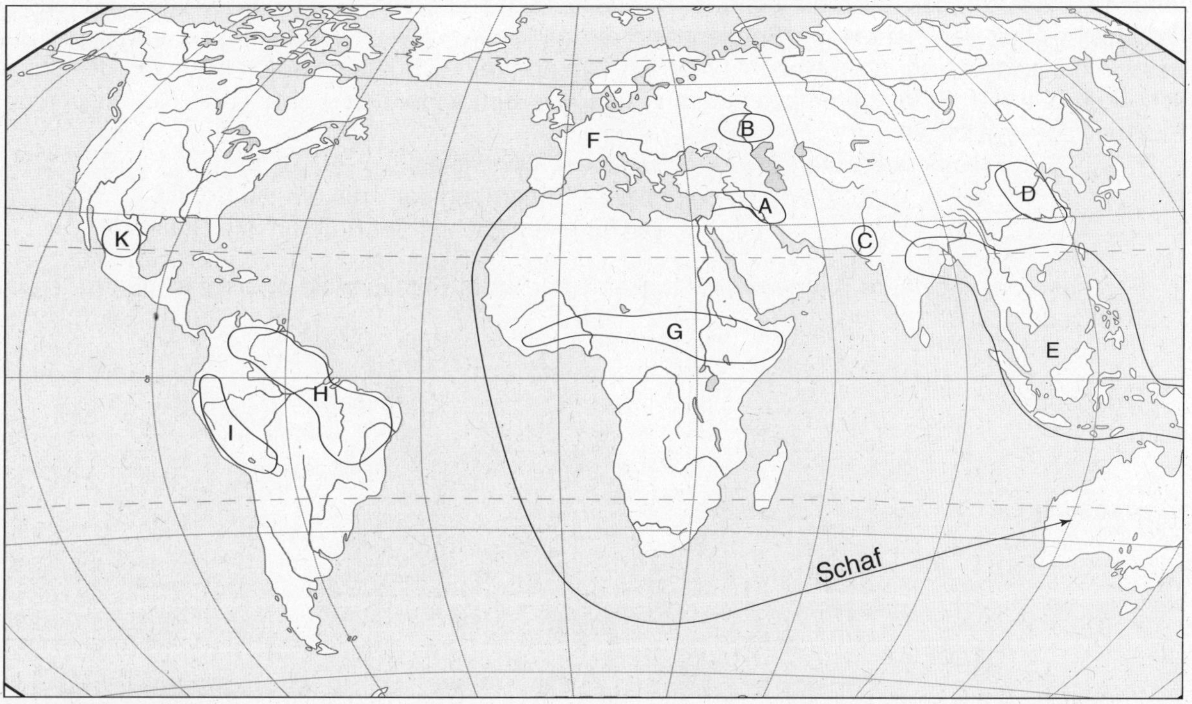

Entstehungszentren:

A – Südwestasien:	Gerste, Erbse, Linse, Lein, Schaf, Ziege, Schwein, Rind
B – Südrussland:	Pferd
C – Industal:	Zebu, Haushuhn
D – China:	Hirse, Schwein, Hund, Reis, Sojabohne, Apfelsine, Zitrone
E – Süd-/Südostasien:	Banane, Aubergine, Mango, Pampelmuse, Zuckerrohr, Gurke, Ingwer, Pfeffer
F – Europa:	Weizen, Roggen, Hafer, Zuckerrübe
G – Zentrales Afrika:	Perlhuhn, Strauß
H – tropisch-warmes Südamerika:	Maniok, Cassava, Batate, Jams, Ananas, Erdnuss, Kakao, Gartenbohne
I – Andenhochland:	Kartoffel, Oca, Aun, Mashua, Meerschweinchen
K – Hochland von Mexiko:	Mais, Bohne, Kürbis, Avocado, Chilipfeffer, Tomate, Vanille, Truthuhn, Hund

2. Ein berühmt gewordenes Schiff sollte Setzlinge des Brotfruchtbaumes von Tahiti auf die Westindischen Inseln bringen, um die dortigen afrikanischen Sklaven zu ernähren.
Wie hieß das Schiff, wie sein Kapitän? Was geschah wann mit dem Schiff?

Schon immer gehört es zu den Bestrebungen von Menschen, sich mit möglichst großer Geschwindigkeit fortzubewegen. Viel Aufsehen erregen heute die Autorennen in der Formel 1. Die Fahrer erreichen hier Geschwindigkeiten bis zu _______ km je Stunde.
Doch mit welcher Geschwindigkeit bewegt sich eigentlich unsere Erde durch das Weltall?

JOHANNES KEPLER (_________ bis _________) hat aufgrund einer sehr großen Anzahl von Beobachtungen festgestellt, dass sich die Planeten auf Ellipsenbahnen um die Sonne bewegen und dass die Geschwindigkeit der Planeten in Sonnennähe am größten ist. Die Berechnung der jeweiligen Bahngeschwindigkeit ist nicht ohne weiteres möglich. Um aber eine ungefähre Vorstellung von der Bahngeschwindigkeit der Erde zu erhalten, kann man mit der folgenden Formel für die gleichförmige Kreisbewegung arbeiten:

$$v = \frac{2\pi \cdot r}{T}$$

Hierbei bedeuten:
- v Bahngeschwindigkeit
- r mittlere Entfernung der Erde um die Sonne
- T Zeit für einen Umlauf der Erde um die Sonne

1. Berechne die ungefähre Bahngeschwindigkeit v der Erde! Entnimm die erforderlichen Werte einem Tafelwerk!

   gegeben: r =
   T =
   gesucht:

   Lösung:

2. Vergleiche die Geschwindigkeit des Rennwagens mit der Geschwindigkeit der Erde!

   ____

   ____

3. Wenn du mit dem Fahrrad fährst, erkennst du durch verschiedene Beobachtungen deine Geschwindigkeit. Warum merkt man von der Geschwindigkeit der Erde nichts?

   ____

   ____

   ____

   ____

   ____

4. Stelle der Bahngeschwindigkeit der Erde weitere Geschwindigkeiten gegenüber?

Lichtgeschwindigkeit	________	Schallgeschwindigkeit	________
Passagierflugzeug	________	InterCityExpress	________
Radfahrer	________	Fußgänger	________
________	________	________	________

Aufeinander zu und voneinander weg

Zu den Bewegungen in der nicht lebenden Natur gehören neben den Luft- und Wasserbewegungen die der Lithosphäreplatten.

1. Wodurch unterscheiden sich kontinentale und ozeanische Platten?

___

___

___

___

2. Ergänze die Zeichnung durch
   a) Farben für die Ozeane, die Kontinente sowie die Lithosphäre und
   b) die Begriffe Fließzone, unterer Erdmantel und Erdkern!

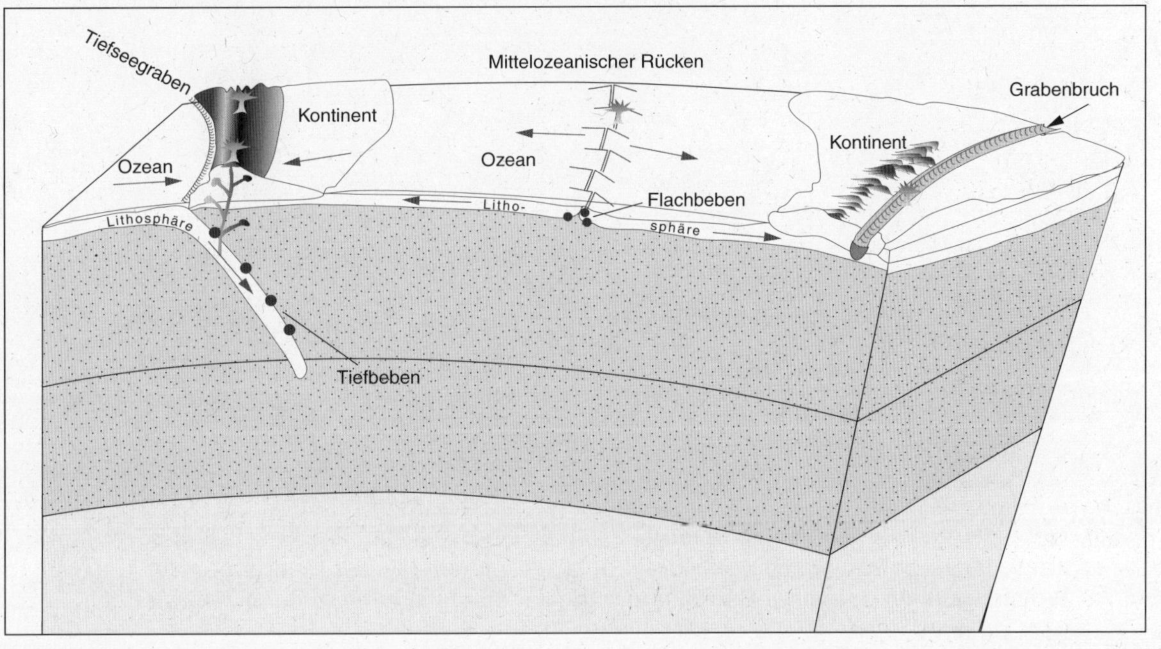

3. Erkläre, was an mittelozeanischen Rücken und was an Tiefseegräben geschieht!

___

___

___

___

___

4. An welchen Zonen der Lithosphäre können Vulkane entstehen?

___

___

___

5. Trage in der Zeichnung mit Pfeilen den Antrieb für die Plattenbewegungen ein!

Als „El Niño“ wird eine ungewöhnlich warme Meeresströmung vor den Küsten von Ecuador und Peru bezeichnet, die weitreichende Folgewirkungen hat.

1. Warum bezeichnen die peruanischen Fischer diese Erscheinung als „Christkind“?

2. Bearbeite die Diorama-Zeichnung! Sie zeigt die Situation ohne „El Niño“.

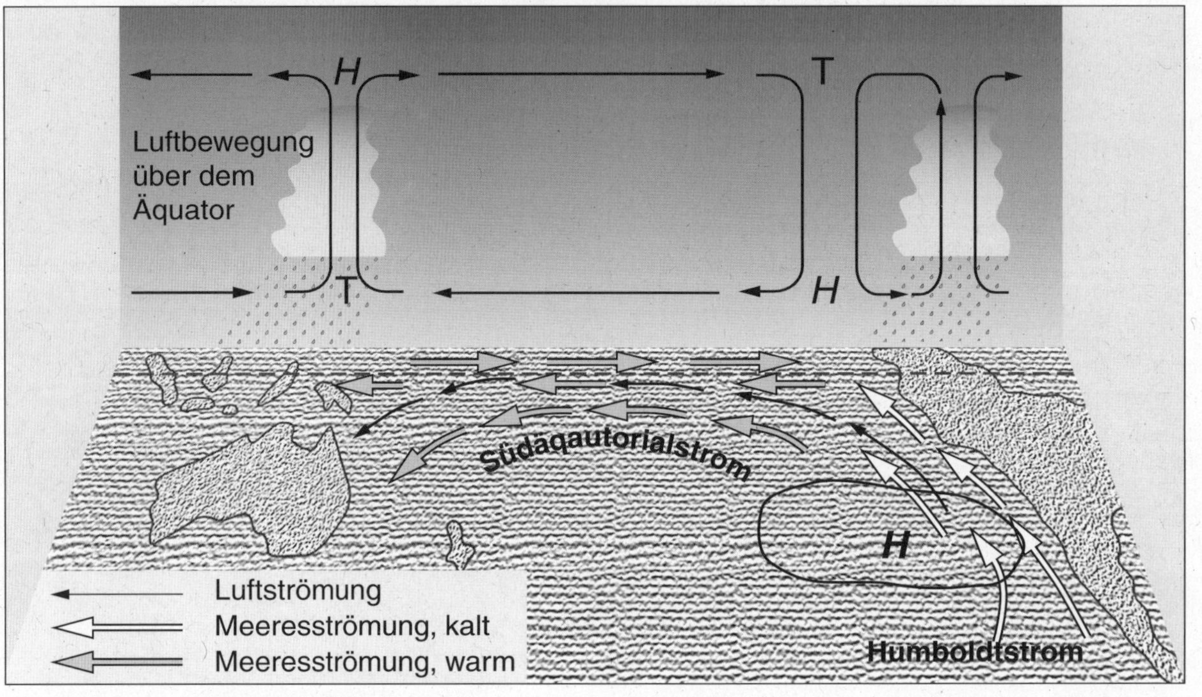

a) Hebe die Landflächen farbig hervor!
b) Trage farbig sowohl im Kartenbild als auch im Schnitt die Veränderungen bei den Meeres- und Luftströmungen sowie bei Bewölkung und Niederschlag ein, die beim Auftreten des El Niño vorhanden sind!
Nutze dazu dein Lehrbuch!

3. Beschreibe die Unterschiede bei El Niño gegenüber der Normalsituation!

4. Nenne Folgewirkungen des El Niño!

1. Nenne die Tiergruppen, die zu den Wirbellosen gehören!

2. Ergänze die Tabelle durch Arten der Wirbellosen!

Fortbewegungsart	Tierart
Kriechen	
Laufen	
Schwimmen	
Fliegen	

3. Beobachte die Fortbewegung einer Schnecke! Setze dazu eine Weinbergschnecke auf eine Glasplatte und beobachte den Fuß von unten! Beschreibe deine Beobachtung!

4. Lass einen Regenwurm in eine angefeuchtete Glasröhre kriechen, die mit einer verschiebbaren Papierhülse halbseitig verdeckt werden kann!
Setze durch Verschieben der Hülse nacheinander Vorder- und Hinterende des Regenwurms dem Licht aus! Nenne deine Schlussfolgerungen aus deinen Beobachtungen!

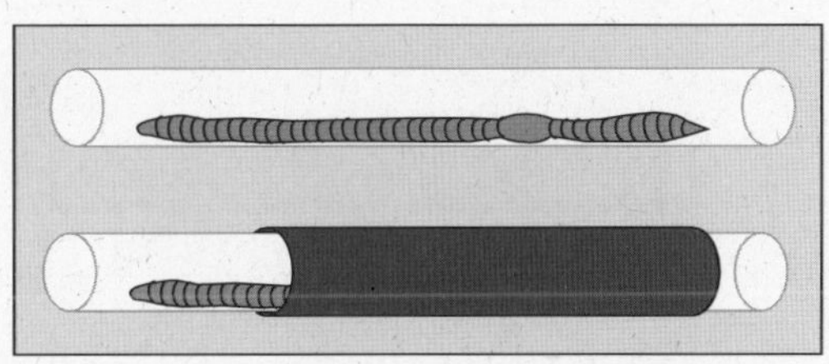

5. Asseln sind nachtaktiv. Um sie am Tage beobachten zu können, müssen wir sie im Dunklen halten und dann dem Licht aussetzen.
Belege den Boden einer Schale mit weißen und schwarzen Kartonstückchen wie bei einem Schachbrett! Setze zehn Kellerasseln in die Schale und decke sie mit einer Glasscheibe und einem dunklen Tuch zu! Decke das Tuch ab und zähle alle zehn Minuten die Kellerasseln auf dem schwarzen Untergrund! Fülle die Tabelle aus und formuliere ein Ergebnis!

10 Minuten		20 Minuten		30 Minuten		40 Minuten		50 Minuten		60 Minuten	

1. Nenne Bewegungen, die Pflanzen bzw. ihre Teile ausführen können!

2. Mit den abgebildeten Tomatenpflanzen wurde ein Experiment durchgeführt.

   a) Beschreibe das Experiment und fertige zu seinen einzelnen Etappen je eine Skizze an!

   b) Erkläre das Verhalten der Pflanzen!

3. Pflanzen reagieren auch auf Licht und wachsen in Richtung des Lichteinfalls (a).
   Ergänze die Zeichnung (c), nachdem einem Pflanzenspross eine Papphülse mit nur einer seitlichen Öffnung einige Zeit übergestülpt wurde (b)!

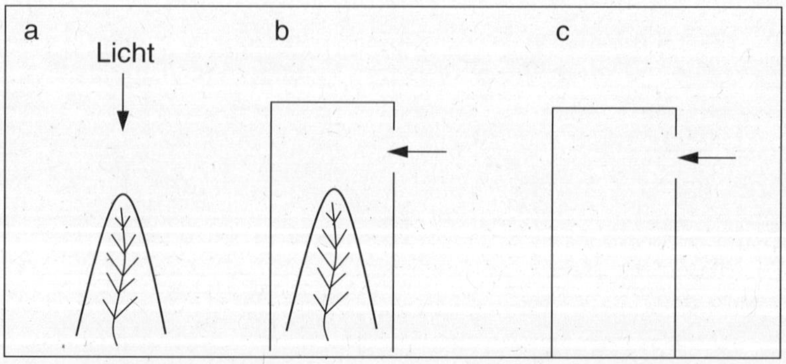

Ortsveränderung – wozu?

In Deutschland erfolgen die meisten Ortsveränderungen mit dem PKW. Verstopfte Straßen und eine starke Belastung der Umwelt sind nur zwei negative Auswirkungen.

1. Stelle die Inhalte der Tabellen in den Kreisdiagrammen dar!

a) Fahrtzwecke

Von 1 000 zurückgelegten Wegen entfallen durchschnittlich auf:

1.	Freizeit und Erholung	405
2.	Beruf	200
3.	Geschäftsreisen	154
4.	Erledigungen und Einkäufe	116
5.	Urlaub	78
6.	Schule und Ausbildung	47

b) Fahrtlängen

Von 1 000 Fahrten mit dem Auto werden durchschnittlich folgende Streckenlängen zurückgelegt:

1.	bis zu 5 km	450
2.	bis zu 10 km	230
3.	bis zu 15 km	110
4.	bis zu 20 km	70
5.	bis zu 25 km	65
6.	mehr als 25 km	75

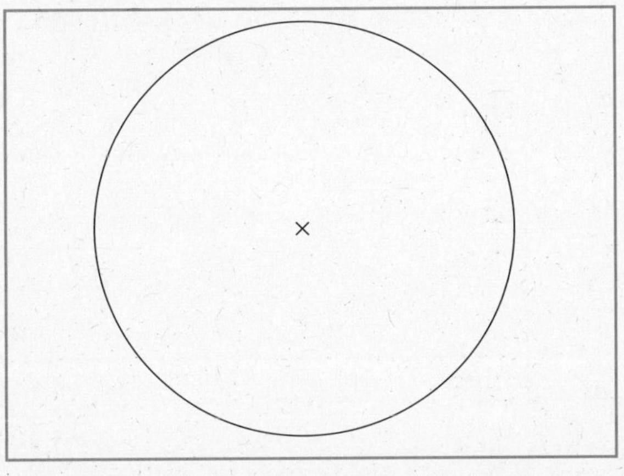

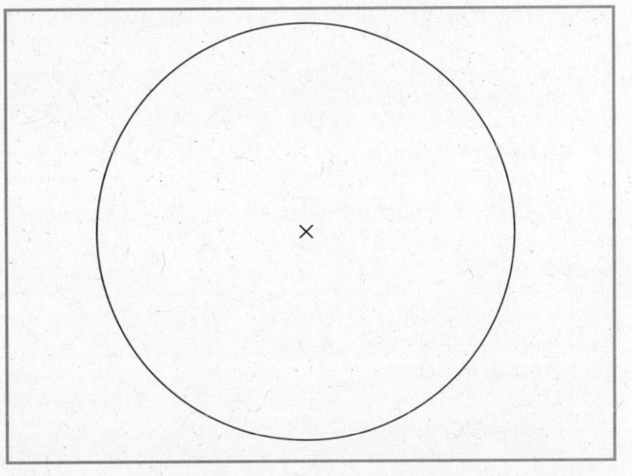

2. Ermittle bei deiner nächsten Autofahrt als Beifahrer, nach wie vielen Kilometern der PKW seine Betriebstemperatur erreicht hat! Wofür hat dies Bedeutung?

3. a) Unterbreite Vorschläge, wie man die Kurzstreckenfahrten mit dem PKW zugunsten anderer Formen der Ortsveränderung einschränken könnte!

   b) Durch welche Maßnahmen in deinem Wohnort könnten deine Vorstellungen leichter verwirklicht werden?

4. Stelle Überlegungen an, wie man einen interessanten Urlaub verbringen könnte, ohne die Umwelt durch Autoverkehr zu belasten!

1. Führe an einer belebten Straße innerhalb der Ortschaft eine Verkehrszählung durch!

Wochentag/Datum:	Uhrzeit: von bis	Uhr
Fahrzeugart	Strichliste	Anzahl
Fahrzeuge zum Gütertransport, z. B. LKW, Kleintransporter		
Öffentliche Personenverkehrsmittel, z. B. Autobusse		
PKW mit 1 Person besetzt		
mit 2 Personen besetzt		
mit 3 Personen besetzt		
mit mehr Personen besetzt		
Gesamtzahl aller PKW		
Motorräder		
Fahrräder		

2. Stelle die Ergebnisse in Kreisdiagrammen dar!

bezogen auf alle Fahrzeuge in Prozent	
1. Güterfahrzeuge	
2. Öffentl. Verkehrsm.	
3. PKW	
4. Motorräder	
5. Fahrräder	

bezogen auf alle PKW in Prozent	
1. mit 1 Person	
2. mit 2 Personen	
3. mit 3 Personen	
4. mit mehreren Personen	

3. Ziehe deine Schlussfolgerungen aus deinen Ergebnissen!

4. Die Eisenbahnfahrpreise (neue Länder, Normaltarif 2. Kl., über 100 km, ohne Zuschläge) stiegen von 1991 bis 2000 von 12,00 Pf/km auf 27,20 Pf/km. Die Preise für Normalbenzin entwickelten sich im gleichen Zeitraum von 1,20 DM/l auf 1,95 DM/l. Fertige zu dieser Entwicklung ein Streifendiagramme an!

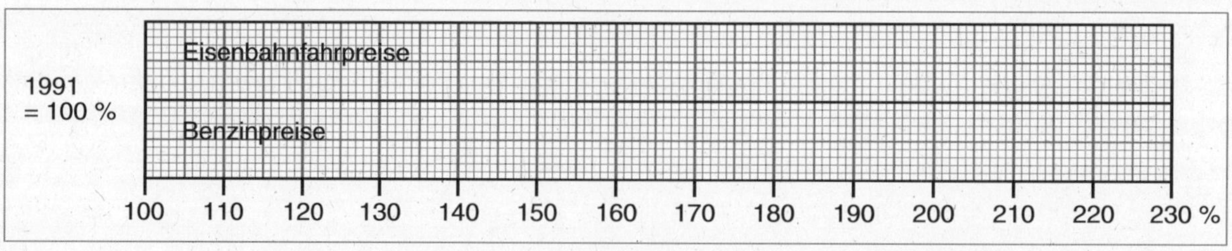

5. Welche Entwicklung nahm das Eisenbahnnetz seit 1990 in deinem Bundesland?

Menschen pendeln zwischen Wohn- und Arbeitsort

Die Menschen arbeiten häufig nicht in ihrem Wohnort, sondern dort, wo sie eine berufliche Tätigkeit gefunden haben. Ähnlich trifft das auf den Schulbesuch zu. Das tägliche Hin und Her zwischen Wohnort und Schul- bzw. Arbeitsort wird als Pendeln oder Pendelwanderung bezeichnet. Dadurch wird Verkehr verursacht.

1. Erkunde an Beispielen, wie viele Personen aus deinem Wohnort in benachbarte Orte zur Arbeit oder zur Schule pendeln!

   a) Fertige eine Liste an!
   Sie muss nicht vollständig sein!

Zielort	Pendler

   b) Wandle die in der Liste erhaltenen Ergebnisse in eine schematische Karte um! Zeichne dazu zwischen den Orten unterschiedlich breite Streifen!

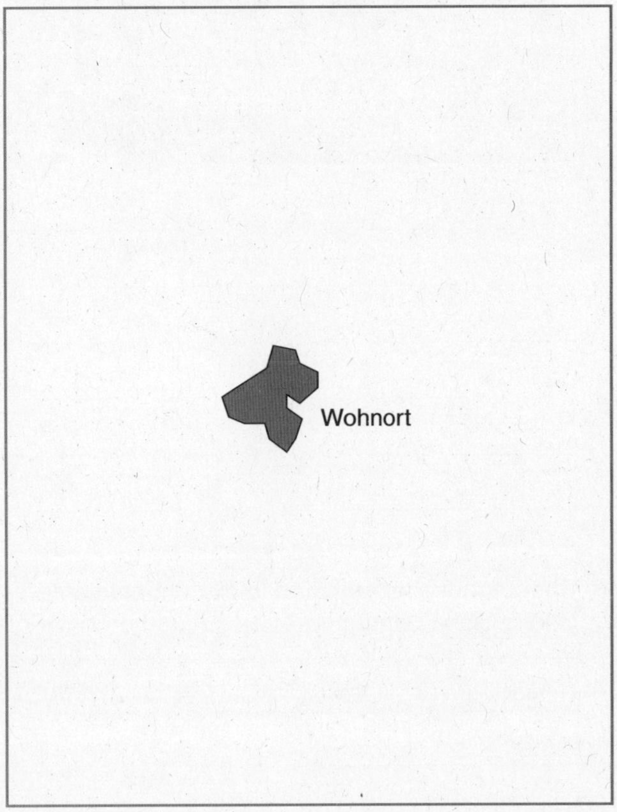

2. Herr B. und Herr H. wohnen im gleichen Ort und arbeiten ebenfalls im gleichen, 25 km entfernten Ort. Herr B. benutzt dazu die Eisenbahn, Herr H. seinen PKW.

   a) Welche Gründe könnte es für das unterschiedliche Verhalten der beiden Pendler geben?

   ____

   ____

   ____

   ____

   b) Wie viel Kilogramm Kohlenstoffdioxid gelangen aus dem PKW von Herrn H. im Jahr in die Atmosphäre, wenn er an 230 Tagen fährt?

   ____

   ____

   ____

   ____

1. Die meisten Lastkraftwagen haben werbende Aufschriften. Bei den beiden fotografierten weisen die Beschriftungen auf Transportentfernungen ihres Ladegutes hin.
   Notiere deine Gedanken zu den beiden Aufschriften der Transporter!

2. Bedeutende Herkunftsländer für Schnittblumen sind Kolumbien, Kenia und Indien.
   Suche diese Länder im Atlas auf und ergänze die Tabelle!

Land	Kontinent	ungefähre Entfernung
Kolumbien		
Kenia		
Indien		

3. Welche Gründe gibt es für diesen weltweiten Blumenhandel? Können Blumen nicht in Deutschland produziert werden? Beziehe in die Antwort folgende Angaben mit ein: 1 Nelke aus Kolumbien kostet im Blumenladen 1,50 €. Davon bleiben 13,4 ct in Kolumbien, 89 ct erhält der Einzelhändler.

Die wirtschaftliche Entwicklung einer Region, aber auch die Lebensqualität der dort lebenden Menschen wird durch die Verkehrsanbindung entscheidend beeinflusst. Dabei gibt es neben der gewünschten Mobilität auch eine Reihe von negativen Auswirkungen.

1. a) Welchen Belästigungen sind die in der Nähe einer stark befahrenen Autobahn oder Ortsdurchgangsstraße lebenden Menschen ausgesetzt?
   b) Durch welche Maßnahmen wird versucht, diese Belastungen zu reduzieren?

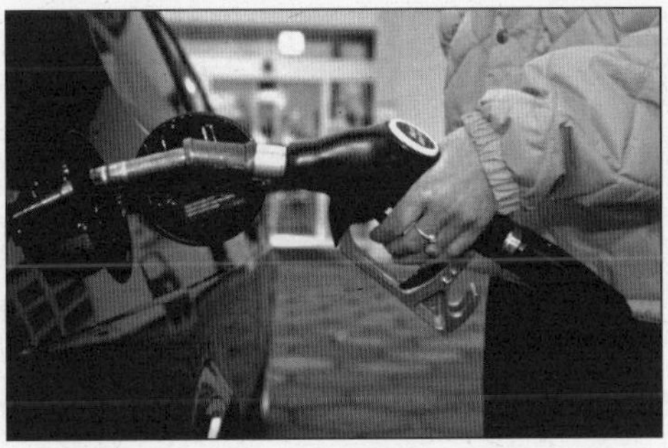

2. Wie wird versucht, die Belastung der Ressourcen bei der Herstellung als auch beim Betrieb von Autos zu begrenzen?

3. Der Verbrennungsmotor des Autos produziert Abgase, die Hauptursache für Umweltschäden und Klimaveränderungen sind.
   Wie wird dem entgegengewirkt?

Verkehrsverlagerung wohin?

Für die wirtschaftliche Entwicklung einer Region ist es von entscheidender Bedeutung, wie sie an die Verkehrsadern angeschlossen ist. Oft ist das nur erreichbar durch den Bau bzw. den Ausbau von Straßen oder Schienenwegen. Welchem der beiden Verkehrswege der Vorrang eingeräumt werden soll, ist im Vorfeld der Baumaßnahmen oft Gegenstand langwieriger Auseinandersetzungen von Gegnern und Befürwortern.

1. Finde Argumente, die für bzw. gegen die jeweilige Variante sprechen!

Ausbau des Straßennetzes

Pro	Kontra

Ausbau des Schienennetzes

Pro	Kontra

2. Sicherlich werden auch in deinem Wohnort, Landkreis oder Bundesland Maßnahmen zur Erweiterung des Straßen- bzw. Schienennetzes geplant. Nenne einige Vorhaben!

3. Wohin sollte deiner Meinung nach welcher Verkehr verlagert werden?

Verwitterung + Tonbildung + Humusaufbereitung = Boden

1. Ein wichtiger Vorgang bei der Bodenbildung ist die Verwitterung.
   a) Ergänze die folgende Übersicht!

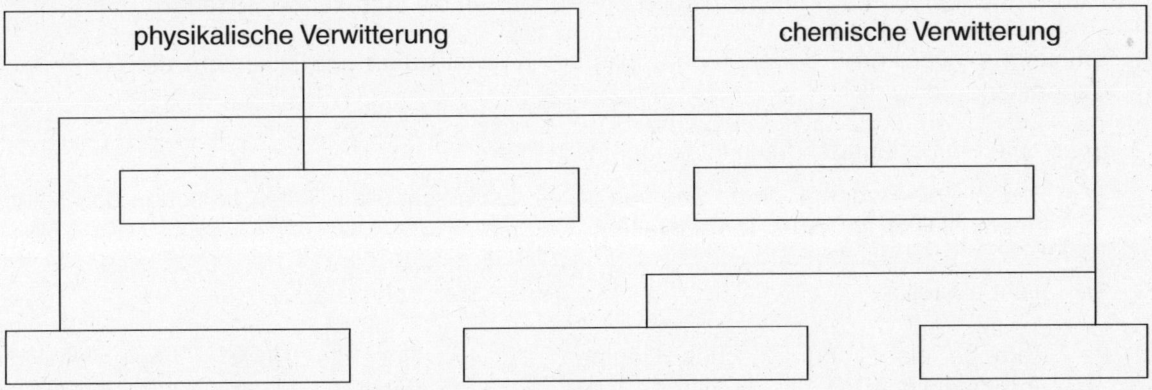

   b) Welche Art der Verwitterung ist außerdem wirksam?

   ____

   c) Zu welchem Ergebnis führt die Verwitterung?

   ____

2. Im Verwitterungsvorgang entstehen Tonminerale neu.
   a) Wie werden Tonminerale im Unterschied zu anderen Mineralien bezeichnet?

   ____

   b) Wofür sind Tonminerale im Boden unverzichtbar?

   ____

3. Die Umwandlung toter organischer Substanz (Humus) in Huminstoffe ist Teil der Humusaufbereitung. Beschrifte die Abbildung!

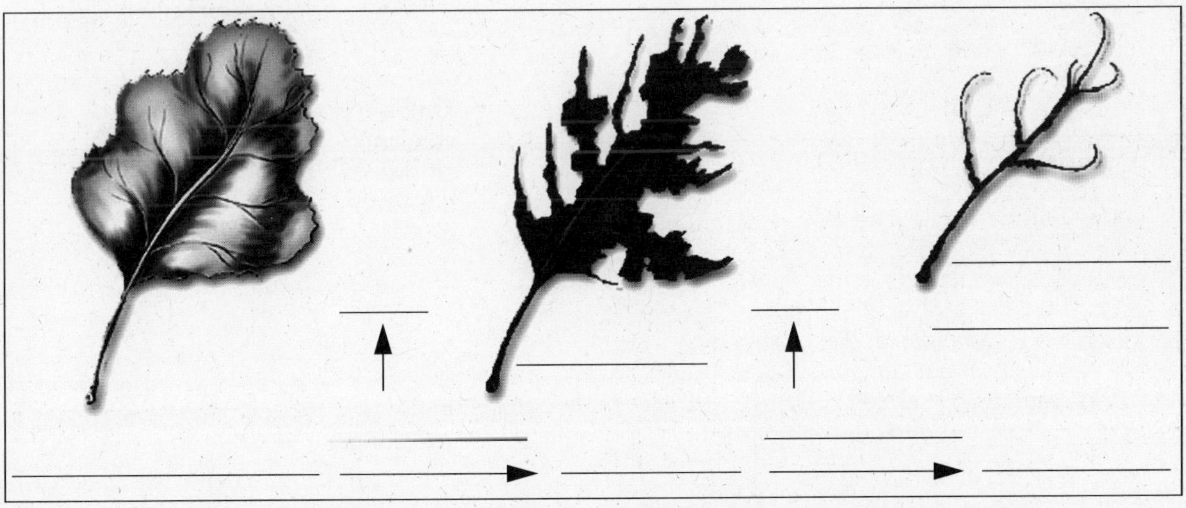

4. Beurteile die Aussage: „Der Boden entsteht durch Verwitterung“!

____

____

____

Böden können u. a. nach der Bodenart unterschieden werden. Die Bodenarten geben über die Zusammensetzung von Böden aus unterschiedlich großen mineralischen Teilchen Auskunft. Bestimme von mehreren Bodenproben aus unterschiedlichen Standorten die zutreffende Bodenart!

1. Entnimm mindestens 5 Bodenproben, fülle sie in Plastiktüten und etikettiere die Tüten nach dem Bodenstandort!

2. Bestimme die Bodenarten nach folgendem Schema!

   1: Feuchte die Bodenprobe an und versuche, durch schnelles Rollen zwischen den Handtellern eine bleistiftdicke „Wurst" herzustellen!

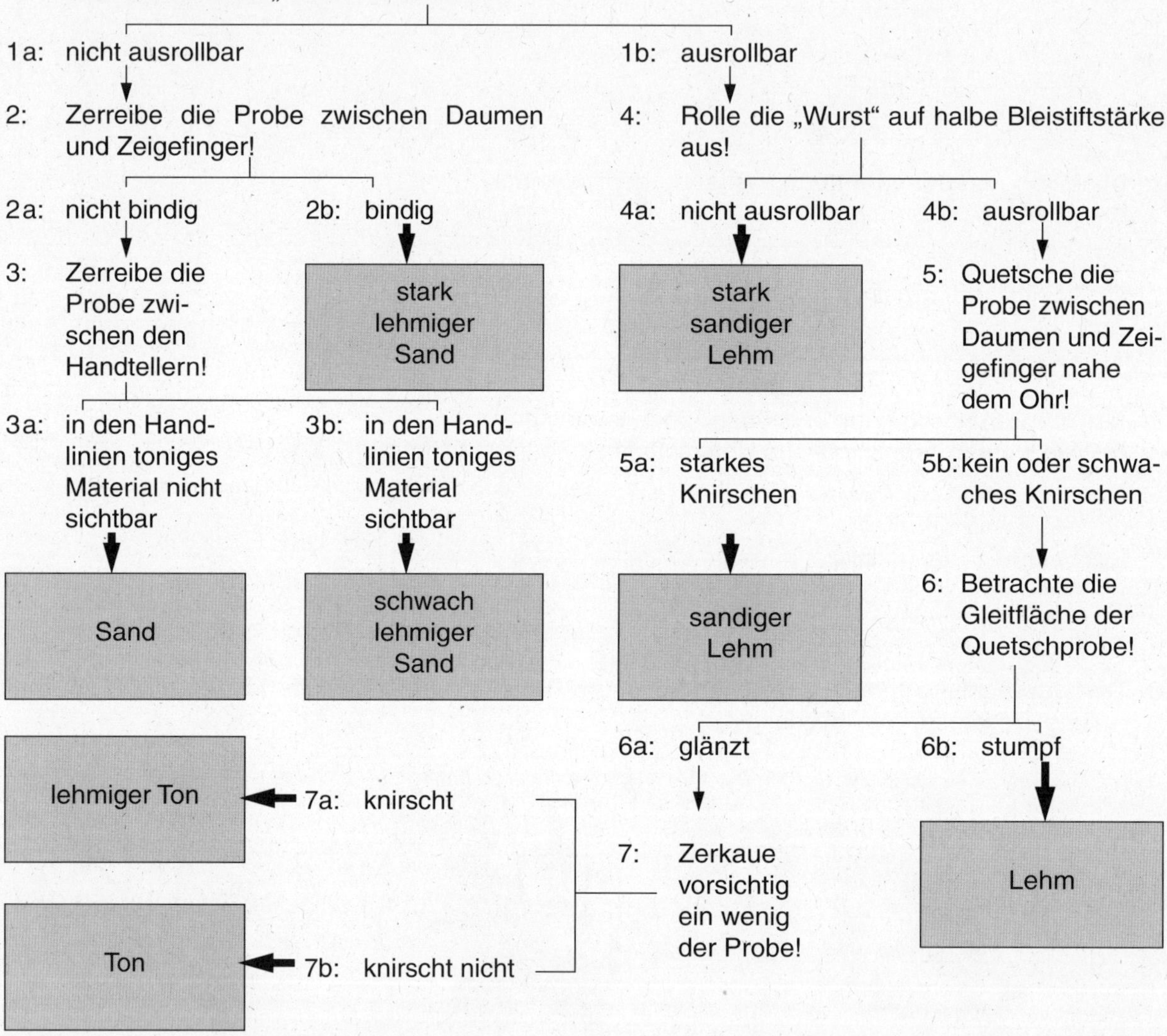

3. Trage die Ergebnisse in die Tabelle ein!

Bodenstandort	Schritte nach dem Schema	Bodenart

Das Bodenartendiagramm

Im Bodenartendiagramm sind die vier Bodenartengruppen Sande (S), Lehme (L), Schluffe (U) und Ton (T) ausgewiesen. Sie werden weiter in 31 Bodenarten unterteilt. Im Diagramm können sie eindeutig nach den jeweiligen Massenprozent-Anteilen an Schluff, Ton und Sand voneinander abgegrenzt werden. Im Arbeitsblatt sind jedoch nur wenige Bodenarten bezeichnet.

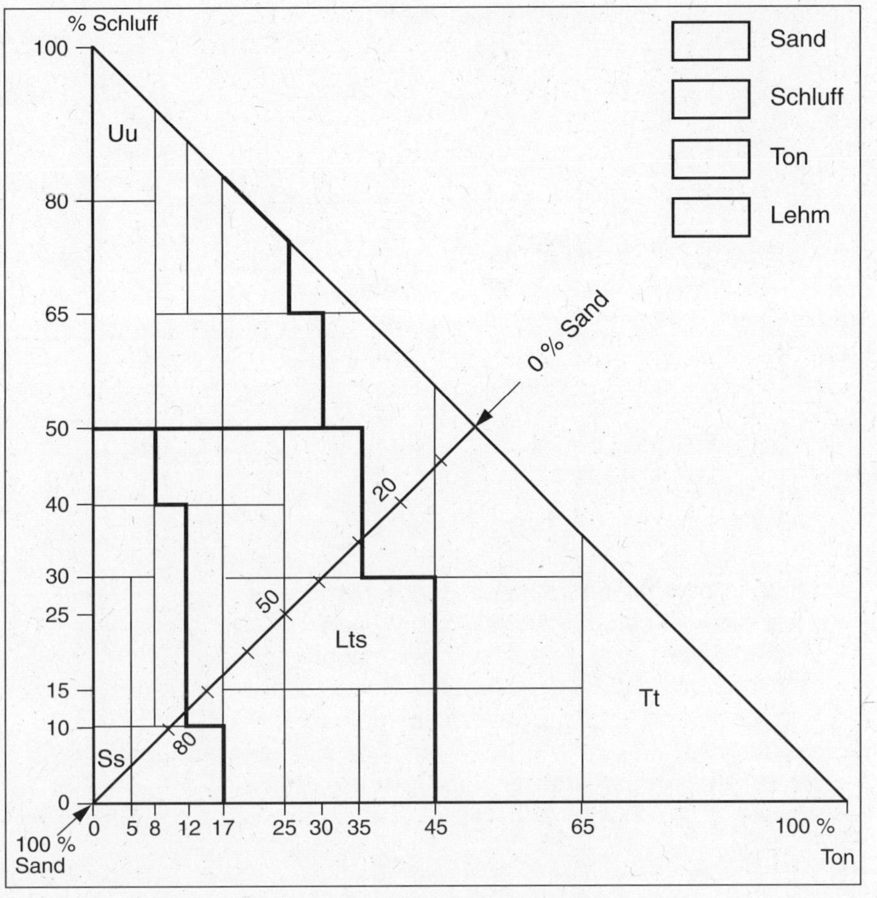

1. Fülle die 3 stark umrandeten Flächen sowie die Legende mit verschiedenen Farben (gelben, braunen) aus, die die Bodenartengruppen Sande, Schluffe und Tone umfassen! Sie grenzen an die jeweiligen Masseanteile von 100 %.

2. Färbe die vierte stark umrandete Fläche! Sie enthält die Bodenartengruppe Lehme, die eine Mischung mit unterschiedlichen Gehalten an Sand, Schluff und Ton darstellt.

3. Lies aus dem Diagramm ab, wie groß die Anteile an Sand, Schluff und Ton in den vier Bodenartengruppen sein können! Fülle dazu die Tabelle aus!

Bodenartengruppe	Massenprozent-Anteile von–bis		
	Ton	Schluff	Sand
Sande	–	–	–
Lehme	–	–	–
Schluffe	–	–	–
Tone	–	–	–

4. Bestimme mit dem Diagramm die von-bis-Anteile an Ton und Schluff von reinem Schluff (Uu), reinem Ton (Tt), reinem Sand (Ss) und sandig-tonigem Lehm (Lts)! Fülle die Tabelle aus!

Bodenart	von-bis-Anteile in Massenprozent	
	Ton	Schluff
reiner Schluff	–	–
reiner Ton	–	–
reiner Sand	–	–
sandig-toniger Lehm	–	–

1. Benenne die abgebildeten Bodentiere!

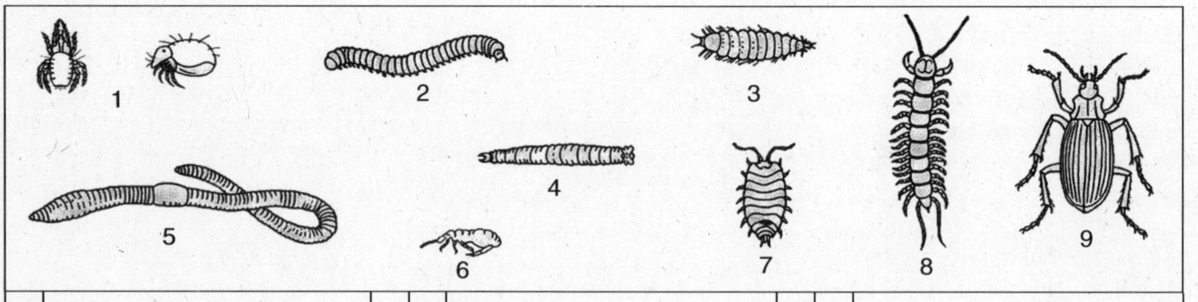

1	______	4	______	7	______
2	______	5	______	8	______
3	______	6	______	9	______

2. Stelle in einem Quadratmeter Boden bis in eine Tiefe von 15 cm die Anzahl der vorhandenen Regenwürmer fest! Erläutere Zusammenhänge zu Bodenart, Bodenfeuchte und Nutzungsart! Vergleiche mit den Ergebnissen deiner Mitschüler!
Setze die Regenwürmer und andere Tiere wieder in den Boden zurück!

______

______

______

______

______

______

15 cm tief

Anzahl der Regenwürmer: ______

Bodenart: ______

Bodenfeuchte: ______

Nutzungsart: ______

1 m

1 m

3. Weniger bekannt, aber nicht weniger wichtig für den Boden als Regenwürmer sind Collembolen. Beschreibe die beiden Collembolenarten und schließe auf ihre Lebensweise!

______

______

______

______

Luft und Wasser gehören neben den festen mineralischen und organischen Teilchen zu den Bestandteilen des Bodens. Bodenluft und Bodenwasser befinden sich in den Hohlräumen zwischen den festen Bodenteilchen.

1. Ordne den Zahlen folgende Begriffe zu: Bodenluft, Bodenwasserfilm, feste Bodenteilchen, Grundwasser, Kapillarwasser und Sickerwasser!

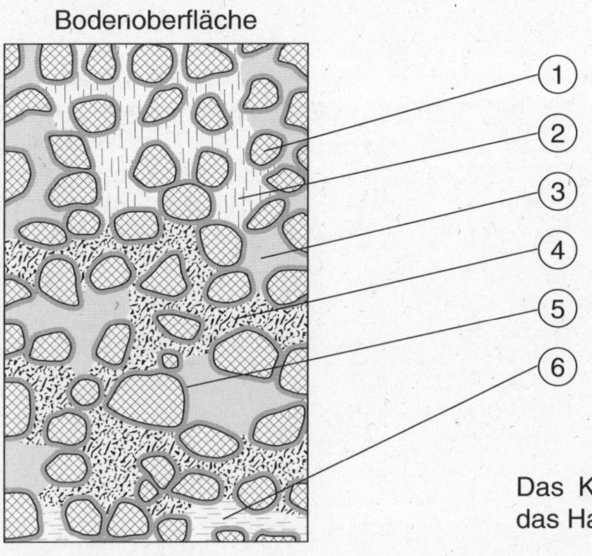

Das Kapillarwasser und der Bodenwasserfilm bilden das Haftwasser.

2. Sickerwasser befindet sich nur zeitweise im Boden, es bewegt sich ins Grundwasser. Haftwasser dagegen wird nicht nach unten transportiert.
   a) Erläutere, wie es zum unterschiedlichen Verhalten der Wasserarten kommt und welche Kräfte wirksam sind!

   b) Zeichne in die beiden Bodenprofile, die eine unterschiedliche Wasserhaltefähigkeit besitzen, die entsprechende Porengröße ein!

   Schreibe dazu die Begriffe
   - geringe Kapillarität,
   - hohe Kapillarität,
   - grobe Poren und
   - feine Poren!

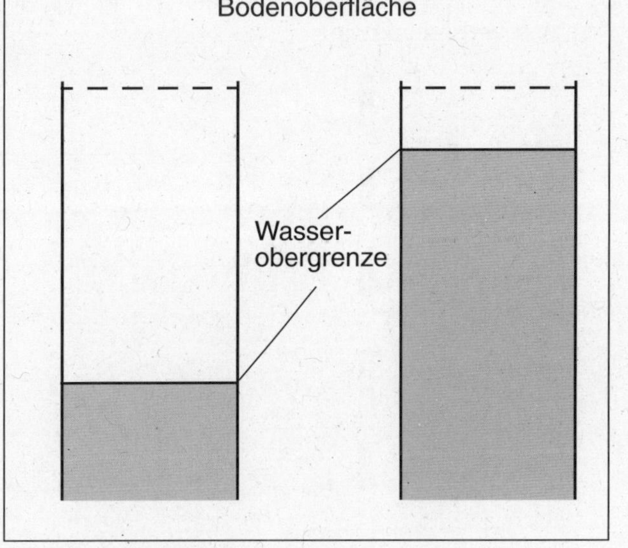

Bodentypen und Großlandschaften in Deutschland

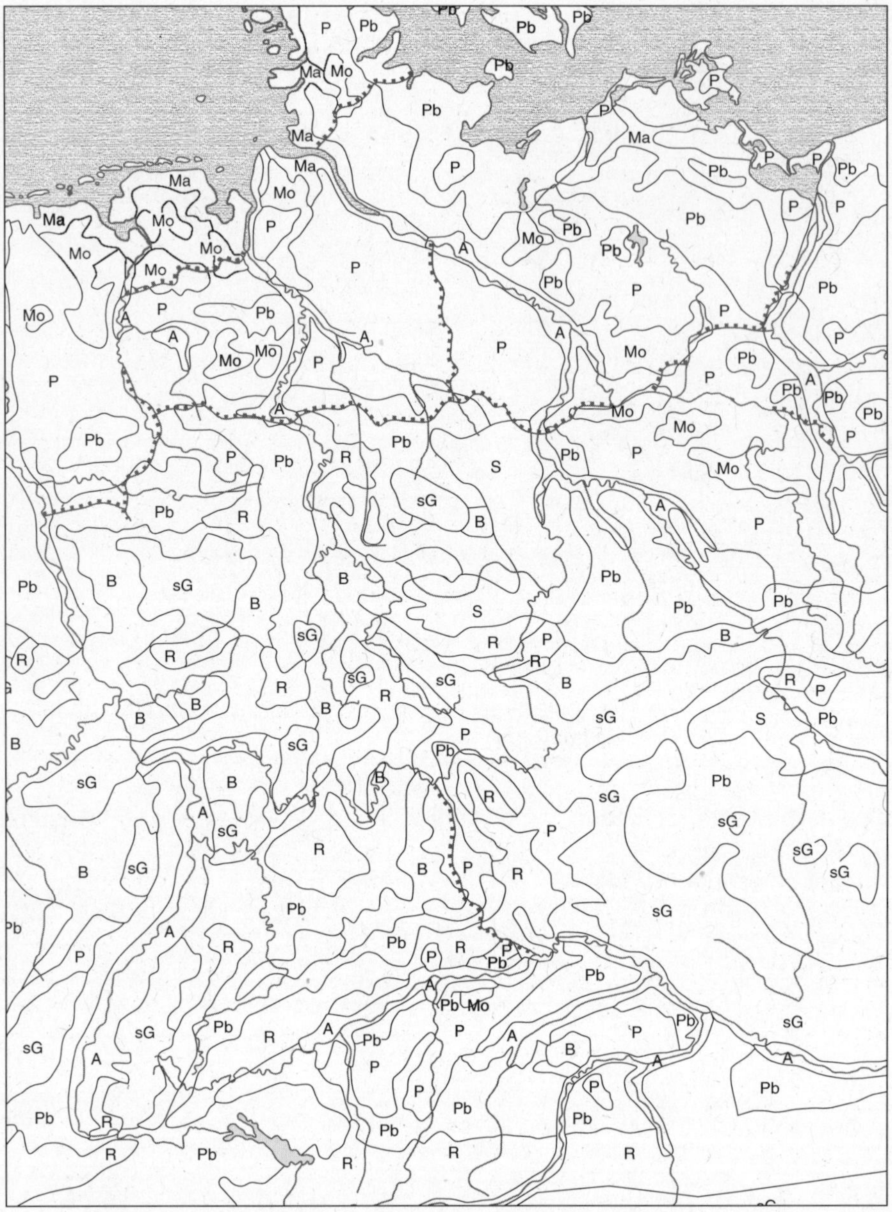

1. Gestalte die Karte zu den Bodentypen in Deutschland farbig! Lege zuerst in der Legende die Farben fest! Wähle dabei Farben, die die Böden sinnvoll vertreten können!

2. Trage mit dicken Linien die Grenzen zwischen den Großlandschaften Tiefland, Mittelgebirgsland, Alpenvorland und Alpen ein!

P	Podsole
B	Braunerden
Pb	Parabraunerden
S	Schwarzerden
R	Rendzinen
Ma	Marschböden
sG	saure Gebirgsböden
Mo	Moorböden
A	Auenböden/ Gleye

3. Zeichne oder fotografiere zu einem Bodentyp ein Bodenprofil und erläutere es! Gehe dabei auch auf seine Verbreitung ein!

Foto aufkleben!

0
10
20
30
40
50
60
70
80
90
cm

Temperaturen des Bodens – selbst gemessen

Vom Wetterbericht werden Temperaturwerte aufgrund von Messungen im Schatten einer Wetterhütte, etwa 2 m über dem Boden angegeben. Diese Werte können sich erheblich von der Lufttemperatur unmittelbar über dem Boden und bei Sonnenbestrahlung unterscheiden. Temperaturen im Boden sind meist nicht gleich den Lufttemperaturen. Im Winter kann die Ausstrahlung des Bodens ganztägig höher sein als die Energiezufuhr durch die Sonne. Während der übrigen Monate ist es tagsüber umgekehrt.

1. Führe folgende Messungen im Sommer durch!

Messpunkte	Temperatur in °C	
	im Schatten	in der Sonne
ca. 1,50 m bis 2,0 m über dem Boden		
in Bodennähe		
in der oberen Bodenschicht		
5 cm im Boden		

2. Wiederhole die Messungen im Herbst!

Messpunkte	Temperatur in °C	
	im Schatten	in der Sonne
ca. 1,50 m bis 2,0 m über dem Boden		
in Bodennähe		
in der oberen Bodenschicht		
5 cm im Boden		

3. Baue folgende Versuchsanordnung auf!
   a) Miss die Temperatur im Abstand von 10 Minuten!

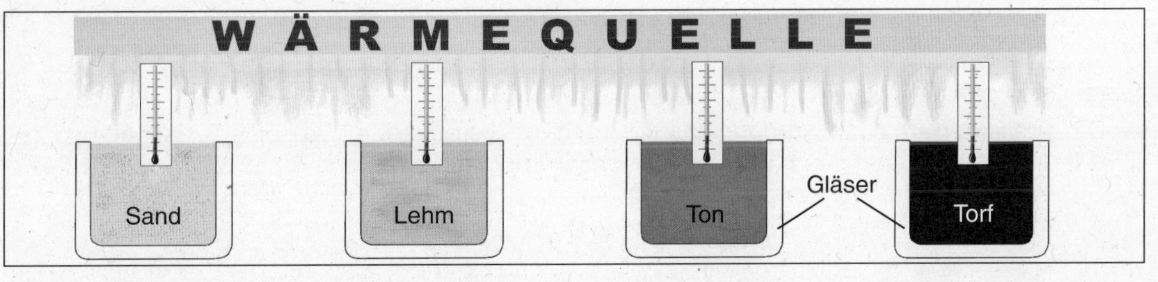

   b) Trage die Messergebnisse in die Tabelle ein!

Temperatur	Sand	Lehm	Ton	Torf
nach 10 Minuten				
nach 20 Minuten				
nach 30 MInuten				

   c) Welche Schlussfolgerungen können gezogen werden?

____

____

Ein Boden ist fruchtbar, wenn er für die Pflanzen genügend Nährstoffe enthält. In Naturlandschaften erhält der Boden Nährstoffe für die nächste Pflanzengeneration aus der Zersetzung abgestorbener Pflanzen und Pflanzenteile aus vorangegangenen Jahren.

1. Ergänze die Zeichnung zur Naturlandschaft durch eine Skizze zur Bodennutzung durch Ackerbau!

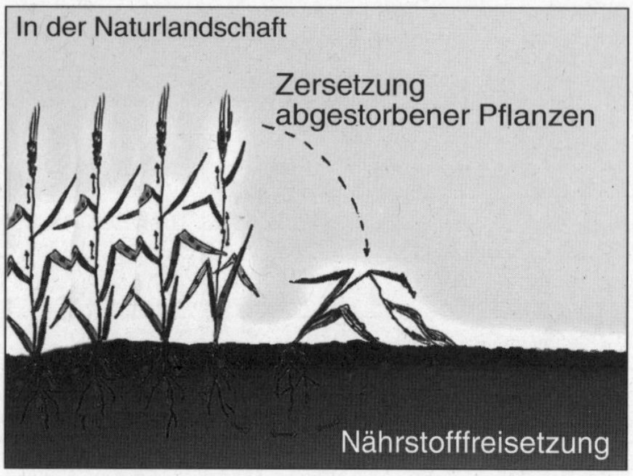

Bei Ackerbau

2. Welche Schlussfolgerungen müssen die Landwirte ziehen, damit die Bodenfruchtbarkeit zumindest erhalten bleibt?

3. Beurteile nach deiner Antwort zu 2. die Dreifelderwirtschaft!

4. Die Dreifelderwirtschaft wurde zunächst durch die „verbesserte“ Dreifelderwirtschaft und zu Beginn des 19. Jahrhunderts durch die Fruchtwechselwirtschaft abgelöst.
Charakterisiere diese Veränderungen!

5. Welche Formen der „Bodenruhe“ gibt es noch heute?

Die Brache – ein Mittel zur Erhaltung der Bodenfruchtbarkeit

Seit dem 8. Jahrhundert setzte sich in weiten Teilen Mitteleuropas allmählich die Dreifelderwirtschaft durch, nachdem vorher unfruchtbar gewordene Felder völlig verlassen und neue aus dem Wald gewonnen wurden.
Die gesamte Dorfflur war in drei gleichgroße Felder aufgeteilt, die unterschiedlich bebaut wurden:

Winterfeld (Bestellung im Herbst mit Roggen und Weizen – Wintergetreide)
Sommerfeld (Bestellung im Frühjahr mit Gerste und Hafer – Sommergetreide)
Brachfeld (keine Bestellung, nur Pflügen im Sommer)

1. Fülle die Tabelle mit den drei genannten Begriffen aus!

	1. Jahr	2. Jahr	3. Jahr	4.Jahr
Feld 1				
Feld 2				
Feld 3				

2. Unterlege in der Tabelle die Spalten für die ersten drei Jahre mit unterschiedlichen Farben!

3. Trage in Feld 1 bis Feld 3 der Karte mit den Farben der Tabellenspalten die Bewirtschaftungsform der Felder in den drei Jahren ein!

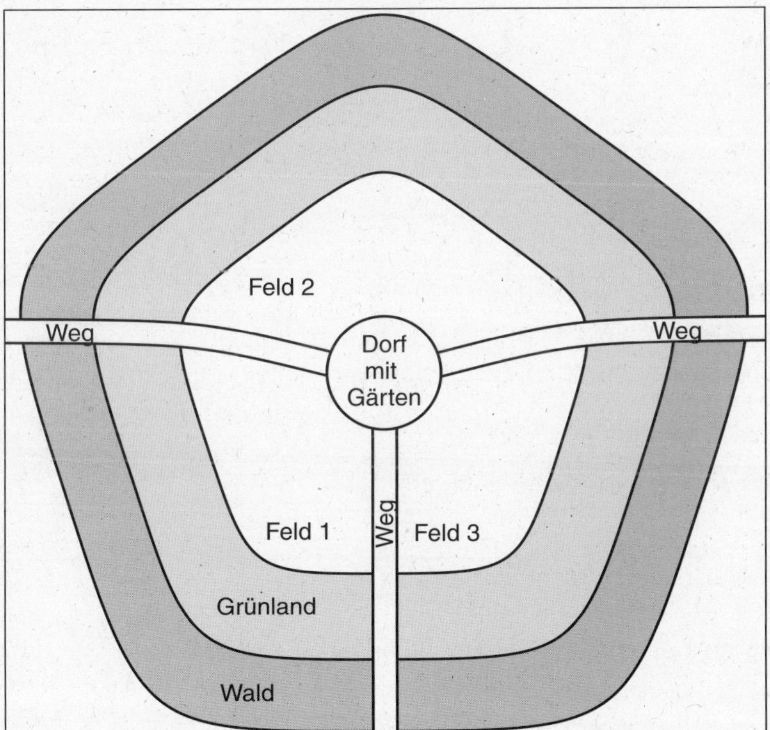

4. Erläutere, warum in den Trockengebieten der Erde auch heute noch die Brache von größter Bedeutung ist!

5. Brachflächen gehören nicht nur der Vergangenheit an. Im EU-Bereich steigt der Brachflächenanteil deutlich. Die Brache wird sogar finanziell gefördert. Nenne Ursachen und Folgen für diese Entscheidung!

Der Boden – ein Nährstoffspeicher

1. Pflanzennährstoffe lagern sich als Kationen an mineralischen bzw. organischen Bodenteilchen an, da diese elektrisch negativ geladen sind.
   Ergänze die Zeichnung durch angelagerte Kationen von Kalium (K^{+}), Natrium (Na^{+}), Calcium (Ca^{2+}), Magnesium (Mg^{2+}) und Eisen (Fe^{3+})!

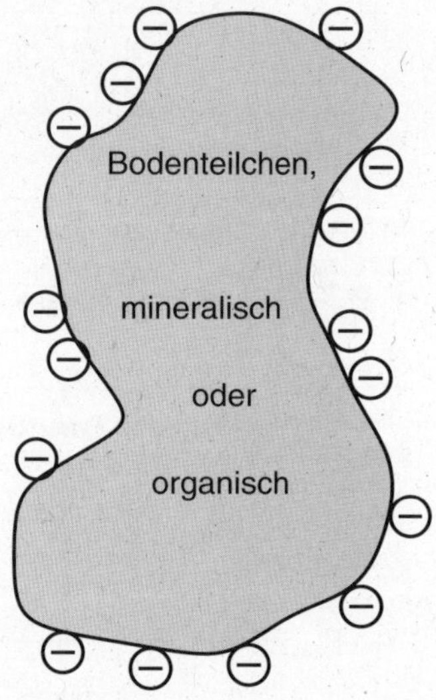

2. Bodenteilchen fungieren als Austauscher. Die an ihnen festgelegten Nährstoff-Kationen können gegen Kationen in der Bodenlösung ausgetauscht werden.
   Zeichne das Bodenteilchen nochmals, jetzt aber nach dem Kationenaustausch, der nach einer Düngung mit Kalium und ausreichend Regen erfolgte!

3. Das Vermögen des Bodens Kationen auszutauschen, hängt stark vom Anteil von Tonmineralen und Huminstoffen ab.
   a) Warum haben Böden unterschiedliche Fruchtbarkeit?

   b) Was müssen die Landwirte folglich tun, um die Bodenfruchtbarkeit zu erhalten?

4. Was geschieht bei der Aufnahme der an den Bodenteilchen angelagerten Nährstoffe durch die Pflanzen?

Nährstoffe und Schadstoffe liegen im Boden als Kationen oder als Anionen vor. Der Nachweis der Ab- oder Anwesenheit von Nähr- und Schadstoffen erfolgt als Ionen-Nachweis. Er sagt allerdings noch nichts über die Konzentration der Ionen aus.

1. Erkläre den Unterschied zwischen Kationen und Anionen!

2. Prüfe die Anwesenheit von **Magnesium-Ionen** Mg^{2+}!
   a) Löse in einem Reagenzglas die zu prüfende Bodenprobe mit wenig Wasser!
   b) Gib 4 Tropfen Ammonik-Lösung hinzu!
   c) Bringe 1 Tropfen der Lösung mit 1 Tropfen Dinatriumhydrogenphosphat-Lösung auf einen Objektträger und beobachte durch das Mikroskop!

   Ergebnis:

3. Prüfe die Anwesenheit von **Calcium-Ionen** Ca^{2+}!
   a) Stelle eine Bodenlösung her und gib etwas Ammonik-Lösung hinzu!
   b) Setze einige Tropfen einer Ammoniumoxalat-Lösung zu!

   Ergebnis:

4. Prüfe die Anwesenheit von **Phosphat-Ionen** PO_4^{3-}!
   a) Gib auf ein Filterpapier einige Krümel der Bodenprobe!
   b) Setze je einen Tropfen salpetersaure Ammoniummolybdat-Lösung und Ascorbinsäure-Lösung hinzu!

   Ergebnis:

5. Prüfe die Anwesenheit von **Sulfat-Ionen** SO_4^{2-}!
   a) Stelle eine Bodenlösung her und säure mit ein wenig Salzsäure!
   b) Gib einige Tropfen Bariumchlorid-Lösung hinzu!

   Ergebnis:

Kann der Boden sauer sein?

Die Säure im Boden wird durch seinen Gehalt an freien Wasserstoff-Ionen bestimmt. Der Wasserstoff-Ionen-Gehalt wird als pH-Wert angegeben. Saure Böden haben einen hohen Wasserstoff-Ionen-Gehalt, der einem niedrigen pH-Wert entspricht.

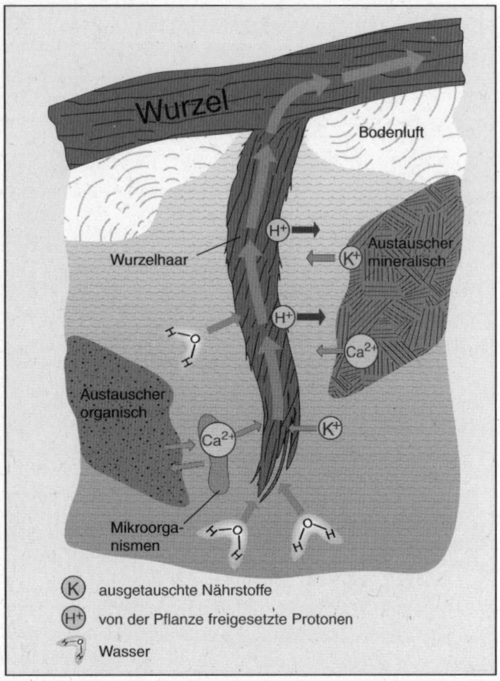

1. Wodurch wird der Boden sauer?
   a) Erkläre die in der Abbildung gezeigte Möglichkeit!

   ______

   b) Nenne weitere Möglichkeiten!

   ______

2. Bestimme den pH-Wert von Bodenproben (s. Tabelle)!

Vorbereitung:
Du benötigst dazu Indikatorstäbchen oder Indikatorpapier mit Farbskala, Czensny-Indikatorlösung und Colorimeter oder einen Pooltester für Sauerstoff und pH; weiterhin Erlenmeyerkolben, Filterpapier, Trichter, Reagenzgläser und destilliertes Wasser.

Durchführung:
Bereite mit etwa 20 g Bodenprobe und 50 ml destilliertem Wasser jeweils Bodenlösungen, die du durch den Filter gießt!
Gehe dann weiter nach den jeweiligen Vorschriften vor!

Bodenprobe	pH-Wert mit Teststäbchen	pH-Wert mit Czensny-Indikator
Schwarzerde		
Podsol		
Waldboden		
Ackerboden		

Auswertung:

Begründe die Ergebnisse!

______

Waldlandschaft und Agrarlandschaft unterscheiden sich sehr deutlich in ihrem Wasserhaushalt und seinen Folgen. Das lässt sich in der Gegenwart, aber auch historisch belegen. In Mitteleuropa gab es die extremsten Unterschiede bei der Waldbedeckung zwischen den Jahren 650 und 1350.

Merkmal / Jahr	650	1350
Waldanteil	93 %	15 %
Niederschlag	700 mm	700 mm
Verdunstung	585 mm	455 mm
unterirdischer Abfluss	115 mm	235 mm
oberirischer Abfluss	0 mm	10 mm
Grundwasserstand	tiefer	höher

1. Beschreibe die in der Tabelle enthaltenen Unterschiede zwischen 650 und 1350 mit Worten!
   Welcher Zusammenhang besteht zur Bodenerosion?

2. Fertige zwei farbige Profilzeichnungen an, die die Unterschiede verdeutlichen!

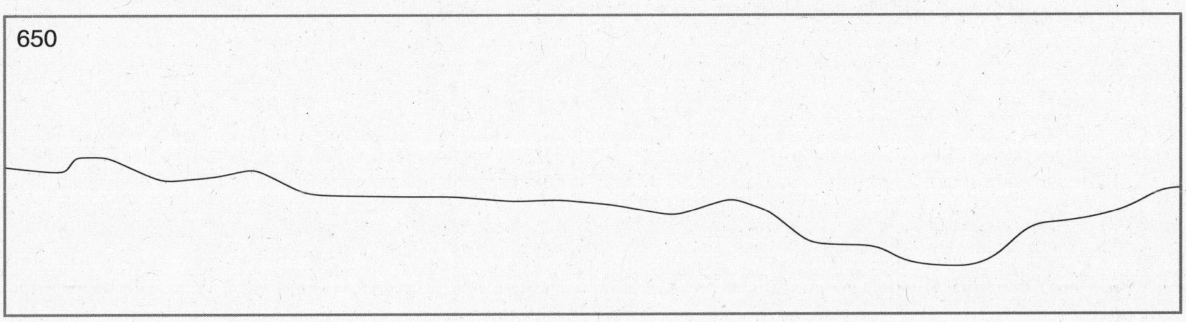

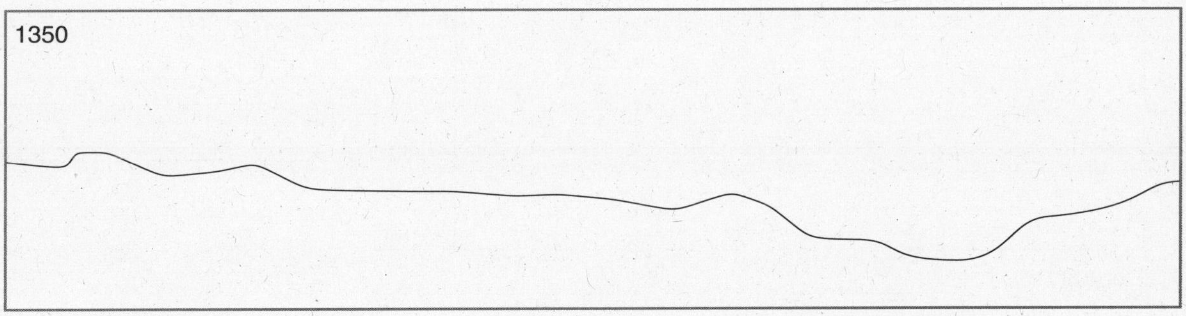

3. Erkundige dich über die Werte in der Gegenwart! Warum findet trotz des geringen oberirdischen Abflusses von 3 mm/a bedeutende Bodenabspülung statt?

Bodenprofile, fotografiert und gezeichnet

Bodenprofile können in der Natur u. a. fotografisch und zeichnerisch „aufgenommen“ werden. Durch Fotos erhält man einen guten Eindruck von den Farben der Bodenhorizonte. Andere Eigenschaften können besser zeichnerisch dargestellt werden. dazu muss man einen Zeichenschlüssel entwickeln.

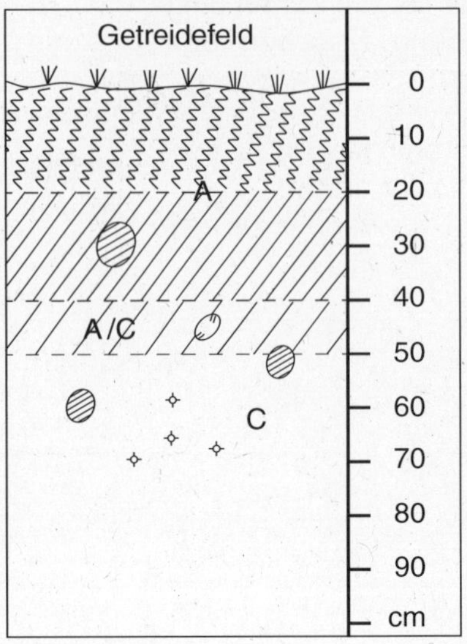

Zeichenschlüssel (Beispiele)

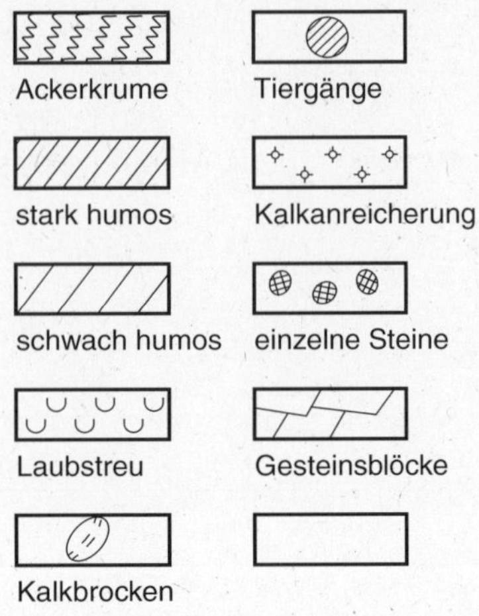

Bodentyp: Schwarzerde

1. Nimm ein Bodenprofil deiner Region auf und beschreibe es!

Foto aufkleben!

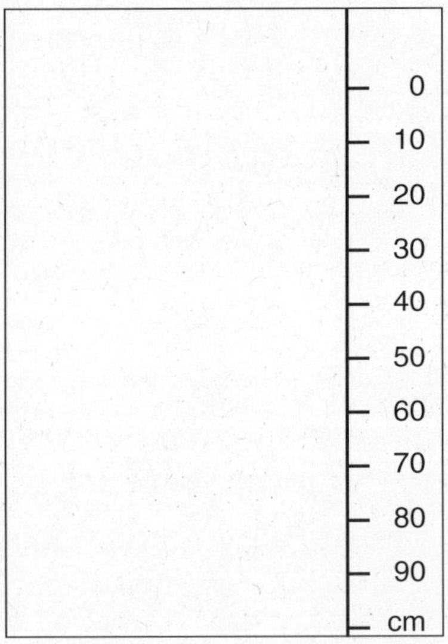

____

____

____

____

____

____

____

____

____

Bodentyp: ______________________________

2. Stelle Unterschiede zur Schwarzerde heraus und begründe diese mit der Entstehung der Böden!

____

____

____

____

____

____

Der A-Horizont – gekappt und verschüttet

Der A-Horizont eines Bodens wird von der Bodenerosion zuerst betroffen. Durch sie werden nicht nur die Böden, sondern auch das Relief verändert.

1. Trage folgende Begriffe und Eigenschaften über der Profilzeichnung im zutreffenden Hangabschnitt ein: Mittelhang, Oberhang, Unterhang; gerade, konkav, konvex!

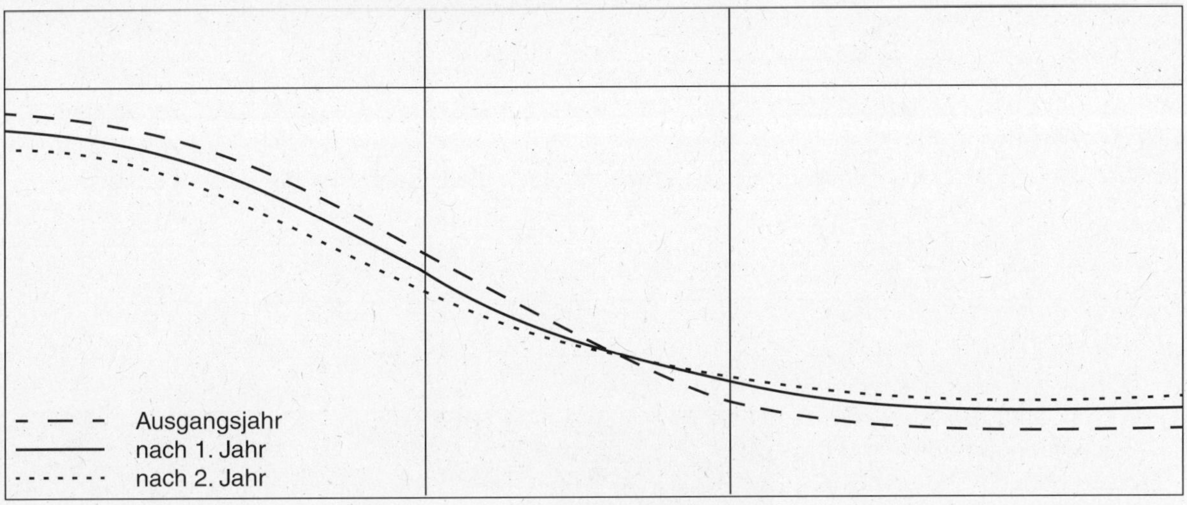

2. Markiere im Profil die abgetragenen und die abgelagerten Bodenschichten farbig! Nutze für die beiden Jahre unterschiedliche Farben!
   Was stellst du hinsichtlich der horizontalen Farbabfolge beim Vergleich von Oberhang und Unterhang fest?

3. Wodurch ist die unterschiedliche Dicke der beiden Bodenschichten verursacht?

4. Gestalte die Bodenprofile farbig und ordne sie den Hangabschnitten und Jahren zu! Nutze dazu die Abkürzungen OH, UH, Aj, 1. J. und 2. J.!

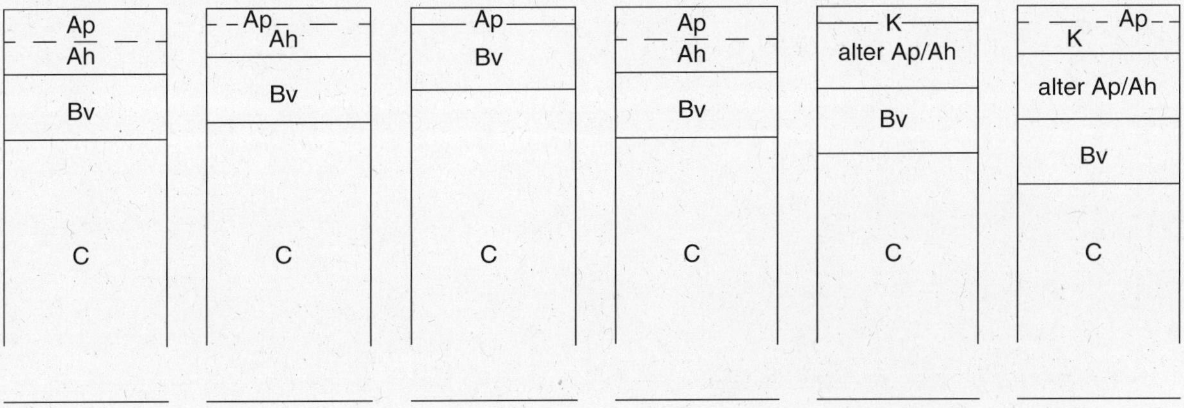

Die Bodenerosion gehört zu den großen Problemen für die Menschheit. Sie findet nicht nur „in aller Welt“ statt, sondern auch bei uns „zu Hause“.

1. Was ist Bodenerosion und welches sind ihre Folgen!

2. Wasser und Wind transportieren Boden. Sie sind auch die Ursache für die Bodenerosion?

3. Woran sind Bodenerosionserscheinungen auf dem Foto zu erkennen?
Welche Schlussfolgerungen kannst du daraus auf die Neigungen in den Feldern ziehen?

4. Zeichne und benenne zwei charakteristische Erscheinungsformen der Bodenerosion in deinem Wohn- oder Schulort!